■ ゼロからはじめる ドコモ【エクスペリア ワン マークファイブ】

XPERIA1V

【Xperia 1 V SO-51D】

スマートガイド

docomo

JN000655

技術評論社編集部 著

技術評論社

■ CONTENTS

Chapter 1
Xperia 1 V SO-51D のキホン

Chapter 2
電話機能を使う

Chapter 3
メールやインターネットを利用する

Chapter 4
Google のサービスを使いこなす

■● CONTENTS

Chapter 5
ドコモのサービスを使いこなす

Chapter 6
音楽や写真・動画を楽しむ

Chapter 7
Xperia 1 V を使いこなす

ご注意：ご購入・ご利用の前に必ずお読みください

●本書に記載した内容は、情報の提供のみを目的としています。したがって、本書を用いた運用は、必ずお客様自身の責任と判断によって行ってください。これらの情報の運用の結果について、技術評論社および著者、アプリの開発者はいかなる責任も負いません。

●ソフトウェアに関する記述は、特に断りのない限り、2023年6月現在での最新バージョンをもとにしています。ソフトウェアはバージョンアップされる場合があり、本書での説明とは機能内容や画面図などが異なってしまうこともあり得ます。あらかじめご了承ください。

●本書は以下の環境で動作を確認しています。ご利用時には、一部内容が異なることがあります。あらかじめご了承ください。
端末 ： Xperia 1 V SO-51D（Android 13）
パソコンのOS ： Windows 11

●インターネットの情報については、URLや画面などが変更されている可能性があります。ご注意ください。

以上の注意事項をご承諾いただいたうえで、本書をご利用願います。これらの注意事項をお読みいただかずに、お問い合わせいただいても、技術評論社は対処しかねます。あらかじめ、ご承知おきください。

Xperia 1 V SO-51Dのキホン

Xperia 1 V SO-51Dについて

Xperia 1 V SO-51D（以降はXperia 1 Vと表記）は、NTTドコモのAndroidスマートフォンです。NTTドコモの5G通信規格に対応しており、優れたカメラやオーディオ機能を搭載しています。

OS・Hardware

各部名称を覚える

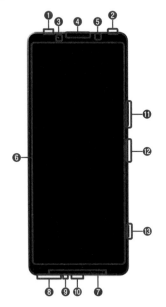

❶	ヘッドセット接続端子	❼	スピーカー	⓭	シャッターキー
❷	セカンドマイク	❽	nanoSIMカード／microSDカード挿入口	⓮	フラッシュ／フォトライト
❸	フロントカメラ			⓯	サードマイク
❹	受話口／スピーカー	❾	送話口／マイク	⓰	メインカメラ
❺	近接／照度センサー	❿	USB Type-C接続端子	⓱	🔁マーク
❻	ディスプレイ（タッチスクリーン）	⓫	音量キー／ズームキー		
		⓬	電源キー／指紋センサー		

Xperia 1 Vの特徴

●トリプルレンズカメラ

超広角レンズ
風景などをより広く撮影することができます。
16mm、約1220万画素／ F値2.2。

広角レンズ
スナップショットや暗い場所でもきれいに撮影できます。
24mm、約1220万画素／ F値1.9。

望遠レンズ
可変式レンズで遠くの被写体を鮮明に撮影できます。
85mm-125mm、約1220万画素／ F値2.3-2.8。

●マルチウィンドウとマルチウィンドウスイッチ

マルチウィンドウでは、21:9の縦長画面を活かして2つのアプリを同時に表示。ニュースやYouTubeを見ながら情報を検索することもできます。

マルチウィンドウスイッチでは、上下それぞれのアプリの画面を横にスライドするだけで、かんたんにほかのアプリに切り替えられます（P.21参照）。

電源のオン・オフと ロックの解除

OS・Hardware

電源の状態には、オン、オフ、スリープモードの3種類があります。
また、一定時間操作しないでいると、自動でスリープモードに移行します。

■ ロックを解除する

(1) スリープモードで電源キーを押します。

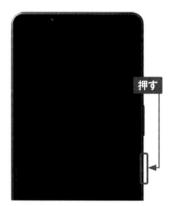

押す

(2) ロック画面が表示されるので、画面を上方向にスワイプ（P.13参照）します。

10:19
6月22日木曜日　スワイプする

(3) ロックが解除され、ホーム画面が表示されます。再度、電源キーを押すと、スリープモードになります。

MEMO ロック画面とアンビエント表示

Xperia 1 Vには、スリープモードでの画面に時刻などの情報を表示する「アンビエント表示」機能があります（Sec.55参照）。ロック画面と似ていますが、スリープモードのため手順②の操作を行ってもロックは解除されません。電源キーを押して、ロック画面を表示してから手順②の操作を行ってください。

■ 電源を切る

① 電源が入っている状態で、電源キーと音量キーの上を同時に押します。

同時に押す

② [電源を切る]をタップ（P.13参照）すると、完全に電源がオフになります。

タップする

緊急通報　電源を切る

再起動　強制再起動

③ 電源をオンにするには、電源キーをXperia 1 Vが振動するまで押します。

長押し

1

MEMO ロック画面からの カメラの起動

ロック画面から直接カメラを起動するには、ロック画面で■をロングタッチ（P.13参照）します。

おすすめ使い方ヒント
あなたの操作に最適なヒントを表示します…

ロングタッチする

75%・充電中

OS・Hardware

基本操作を覚える

Xperia 1 Vのディスプレイはタッチスクリーンです。指でディスプレイをタッチすることで、いろいろな操作が行えます。また、本体下部にあるキーアイコンの使い方も覚えましょう。

キーアイコンの操作

戻る　ホーム　履歴

MEMO キーアイコンと オプションメニューアイコン

本体下部にある3つのアイコンをキーアイコンといいます。キーアイコンは、基本的にすべてのアプリで共通する操作が行えます。また、一部の画面ではキーアイコンの右側か画面右上にオプションメニューアイコン：が表示されます。オプションメニューアイコンをタップすると、アプリごとに固有のメニューが表示されます。

キーアイコンとその主な機能		
◀	戻る	タップすると1つ前の画面に戻ります。メニューや通知パネルを閉じることもできます。
●	ホーム	タップするとホーム画面が表示されます。ロングタッチすると、Googleアシスタントが起動します。
■	履歴	ホーム画面やアプリ利用中にタップすると、最近使用したアプリの一覧がサムネイルで表示され、マルチウィンドウやスクリーンショットなどの機能を利用することができます。

■ タッチスクリーンの操作

タップ/ダブルタップ

タッチスクリーンに軽く触れてすぐに指を離すことを「タップ」、同操作を2回くり返すことを「ダブルタップ」といいます。

ロングタッチ

アイコンやメニューなどに長く触れた状態を保つことを「ロングタッチ」といいます。

ピンチ

2本の指をタッチスクリーンに触れたまま指を開くことを「ピンチアウト」、閉じることを「ピンチイン」といいます。

スライド（スクロール）

文字や画像を画面内に表示しきれない場合など、タッチスクリーンに軽く触れたまま特定の方向へなぞることを「スライド」または「スクロール」といいます。

スワイプ（フリック）

タッチスクリーン上を指ではらうように操作することを「スワイプ」または「フリック」といいます。

ドラッグ

アイコンやバーに触れたまま、特定の位置までなぞって指を離すことを「ドラッグ」といいます。

ホーム画面の使い方を覚える

タッチスクリーンの基本的な操作方法を理解したら、ホーム画面の見方や使い方を覚えましょう。本書ではホームアプリを「docomo LIVE UX」に設定した状態で解説を行っています。

OS・Hardware

1 ■ ホーム画面の見方

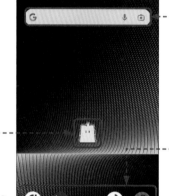

ステータスバー
ステータスアイコンや通知アイコンが表示されます（P.16〜17参照）。

マチキャラ
さまざまな問いかけに対話で答えてくれるサービスです。

アプリ一覧ボタン
インストールされているアプリの一覧が表示されます。

インジケーター
現在見ているホーム画面の位置を示しています。ページ画面を切り替えるときに表示されます。

ウィジェット
アプリが取得した情報を表示したり、設定のオン／オフを切り替えたりすることができます（P.24参照）。

アプリアイコン
「dメニュー」などのアプリのアイコンが表示されます。

フォルダ
アプリアイコンを1箇所にまとめることができます。

ドック
ホーム画面を切り替えても常に同じアプリアイコンが表示されます。

マイマガジン
タップすると、ユーザーが選んだジャンルの記事を表示する「マイマガジン」を利用できます。

■ ホーム画面のページを切り替える

① ホーム画面のページは、左右にスワイプ（フリック）して、切り替えることができます。まずは、ホーム画面を左方向にスワイプ（フリック）します。

② 右のページに切り替わります。

③ 右方向にスワイプ（フリック）すると、もとのページに戻ります。

✎ マイマガジンと
MEMO my daiz NOW

ホーム画面を上方向にスワイプすると、マイマガジンボタンをタップしなくても「マイマガジン」を利用することができます。また、ホーム画面の一番左のページで右方向にスワイプすると、「my daiz NOW」が表示されます（P.112参照）。

通知を確認する

OS・Hardware

画面上部に表示されるステータスバーから、さまざまな情報を確認することができます。ここでは、通知される表示の確認方法や、通知を消去する方法を紹介します。

ステータスバーの見方

8:59 通知アイコン ────┐

不在着信や新着メール、実行中の作業などを通知するアイコンです。

ステータスアイコン

電波状態やバッテリー残量など、主にXperia 1 Vの状態を表すアイコンです。

通知アイコン		ステータスアイコン	
M	新着Gmailあり		マナーモード（バイブなし）設定中
	新着ドコモメールあり		マナーモード（バイブあり）設定中
	不在着信あり／留守番電話あり		Wi-Fi接続中
OO	伝言メモあり／留守番電話あり		電波の状態
	新着＋メッセージ／ SMSあり		バッテリー残量
●	非表示の通知あり		Bluetooth接続中

通知を確認する

① メールや電話の通知、Xperia 1 Vの状態を確認したいときは、ステータスバーを下方向にドラッグします。

ドラッグする

② 通知パネルが表示されます。各項目の中から不在着信やメッセージの通知をタップすると、対応するアプリが起動します。ここでは［すべて消去］をタップします。

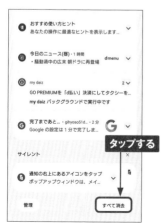

タップする

③ 通知パネルが閉じ、通知アイコンの表示も消えます（削除されない通知アイコンもあります）。なお、通知パネルを上方向にドラッグするか、◀をタップすることでも、通知パネルが閉じます。

通知アイコンが消える

1

MEMO ロック画面での通知表示

スリープモード時に通知が届いた場合、ロック画面に通知内容が表示されます。ロック画面に通知を表示させたくない場合は、Sec.51を参照してください。

アプリを利用する

アプリ一覧画面には、さまざまなアプリのアイコンが表示されています。それぞれのアイコンをタップするとアプリが起動します。アプリの終了方法や切り替え方法もあわせて覚えましょう。

OS・Hardware

アプリを起動する

1 ホーム画面を表示し、アプリ一覧ボタンをタップします。

タップする

2 アプリ一覧画面が表示されるので、画面を上下にスワイプし、任意のアプリを探してタップします。ここでは、[設定]をタップします。

② タップする

① スワイプする

3 「設定」アプリが起動します。アプリの起動中に◀をタップすると、1つ前の画面(ここではアプリ一覧画面)に戻ります。

タップする

MEMO アプリのアクセス許可

アプリの初回起動時に、アクセス許可を求める画面が表示されることがあります。その際は[許可]をタップして進みます。許可しない場合、アプリが正しく機能しないことがあります。

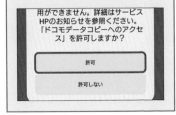

用ができません。詳細はサービスHPのお知らせを参照ください。
「ドコモデータコピーへのアクセス」を許可しますか?

許可

許可しない

■ アプリを終了する

(1) アプリの起動中やホーム画面で ■ をタップします。

(2) 最近使用したアプリが一覧表示されるので、左右にスワイプして、終了したいアプリを上方向にスワイプします。

(3) スワイプしたアプリが終了します。すべてのアプリを終了したい場合は、右方向にスワイプし、[すべてクリア] をタップします。

MEMO アプリの切り替え

手順②の画面で別のアプリをタップすると、画面がそのアプリに切り替わります。また、アプリのアイコンをタップすると、アプリ情報の表示やマルチウィンドウ表示への切り替えができます。

1

OS・Hardware

分割画面を利用する

Xperia 1 Vには、画面を上下に分割することができる「マルチウィンドウ」機能があります。なお、分割表示に対応していないアプリもあります。

画面を分割表示する

1 P.19手順②の画面を表示します。

2 上側に表示させたいアプリのアイコン（ここでは［Chrome］）をタップし、［上に分割］をタップします。

① タップする

② タップする

3 続いて、下側に表示させたいアプリ（ここでは［電話］）のサムネイル部分をタップします。

タップする

4 選択した2つのアプリが分割表示されます。中央の ▬ をドラッグすると、表示範囲を変更できます。画面上部または下部までドラッグすると、分割表示を終了できます。

ドラッグする

■ アプリを切り替える

(1) 分割表示したアプリを切り替えたい場合は、画面中央の ━━ をタップします。

(2) 表示される ⊞ をタップします。

(3) 上下にアプリのサムネイルが表示されるので、左右にスワイプして切り替えたいアプリをタップします。

(4) すべてのアプリから選択したい場合は、手順③の画面で右端もしくは左端までスワイプし、[すべてのアプリ] をタップします。

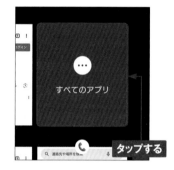

(5) すべてのアプリが表示されるので、切り替えたいアプリをタップして選択します。

MEMO 分割表示の履歴

手順③の画面下部には、これまで分割表示したアプリの組み合わせが表示されます。これをタップすると、以前のアプリの組み合わせを復元できます。

Section **08**

ポップアップウィンドウを利用する

Application

ポップアップウィンドウでアプリを起動すると、通常の画面やアプリの上に小さく重ねて表示することができます。なお、アプリによってはポップアップウィンドウが使えない場合もあります。

■ ポップアップウィンドウでアプリを起動する

1 P.19手順②の画面を開き、左右にスワイプしてポップアップウィンドウで開きたいアプリを選びます。[ポップアップウィンドウ]をタップします。

2 アプリがポップアップウィンドウで起動します。ポップアップウィンドウは、他のアプリやホーム画面に重ねて表示されます。

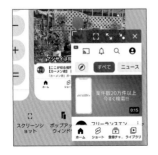

3 上部の操作アイコン部分（P.23参照）をドラッグすると、ポップアップウィンドウを移動できます。

4 ×をタップすると、ポップアップウィンドウが閉じます。

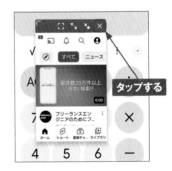

22

■ ポップアップウィンドウの操作アイコン

❶	サイズ変更	ドラッグするとポップアップウィンドウのサイズを変更できます。
❷	最大化	ポップアップウィンドウを最大化します。■をタップすると、元のサイズに戻せます。
❸	アイコン化	ポップアップウィンドウで起動しているアプリがアイコン表示になります。アイコンをタップすると、元のサイズに戻ります。
❹	閉じる	ポップアップウィンドウを閉じます。

MEMO サイドセンスからポップアップウィンドウを起動する

サイドセンス（Sec.63参照）からもポップアップウィンドウを起動できます。サイドセンスメニューを開き、[メイン画面／ポップアップ]をタップして、メイン画面とポップアップとして表示させたいアプリのアイコンをタップします。

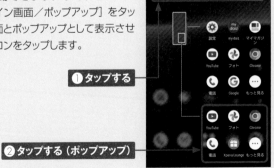

❶タップする

❷タップする（ポップアップ）

OS・Hardware

ウィジェットを利用する

Xperia 1 Vのホーム画面にはウィジェットが表示されています。ウィジェットを使うことで、情報の閲覧やアプリへのアクセスをホーム画面上からかんたんに行えます。

■ ウィジェットとは

ウィジェットは、ホーム画面で動作する簡易的なアプリのことです。さまざまな情報を自動的に表示したり、タップすることでアプリにアクセスしたりできます。Xperia 1 Vに標準でインストールされているウィジェットは多数あり、Google Play（Sec.31 〜 32参照）でダウンロードすると、さらに多くの種類のウィジェットを利用できます。また、ウィジェットを組み合わせることで、自分好みのホーム画面の作成が可能です。

アプリの情報を簡易的に表示するウィジェットです。タップするとアプリが起動します。

アプリを操作できるウィジェットです。

ウィジェットを設置すると、ホーム画面でアプリの操作や設定の変更、ニュースやWebサービスの更新情報のチェックなどができます。

■ ウィジェットを追加する

① ホーム画面の何もない箇所をロングタッチします。

ロングタッチする

② [ウィジェット] をタップします。初回利用時は、[OK] をタップします。

タップする

⊘ 壁紙とスタイル
器 ウィジェット
⌂ ホーム設定

③ 画面を上下にスライドし、∨ をタップして、追加したいウィジェットをロングタッチします。

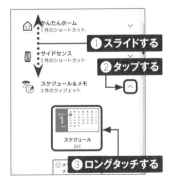

⌂ かんたんホーム
1件のショートカット
❶ スライドする
◫ サイドセンス
2件のショートカット
❷ タップする
🗓 スケジュール＆メモ
3件のウィジェット

スケジュール
2x1
❸ ロングタッチする

④ 指を離すと、ホーム画面にウィジェットが追加されます。

ウィジェットが追加された

MEMO ウィジェットの削除

ウィジェットを削除するには、ウィジェットをロングタッチしたあと、[削除] までドラッグします。

削除

❷ ドラッグする

❶ ロングタッチする

文字を入力する

Application

Xperia 1 Vでは、ソフトウェアキーボードで文字を入力します。「12キー」（一般的な携帯電話の入力方法）や「QWERTY」（パソコンと同じキー配列）などを切り替えて使用できます。

文字入力方法

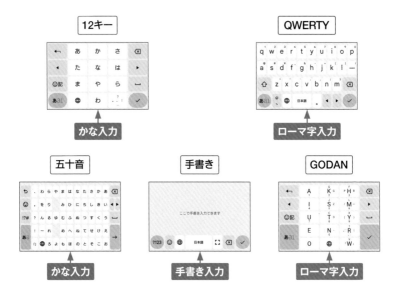

12キー	QWERTY
かな入力	ローマ字入力

五十音	手書き	GODAN
かな入力	手書き入力	ローマ字入力

MEMO 5種類の入力方法

Xperia 1 Vには、携帯電話で一般的な「12キー」、パソコンと同じキー配列の「QWERTY」のほか、五十音配列の「五十音」、手書き入力の「手書き」、「12キー」や「QWERTY」とは異なるキー配置のローマ字入力の「GODAN」の5種類の入力方法があります。なお、本書では「五十音」、「手書き」、「GODAN」は解説しません。

キーボードを使う準備を行う

(1) 初めてキーボードを使う場合は、「入力レイアウトの選択」画面が表示されます。[スキップ] をタップします。

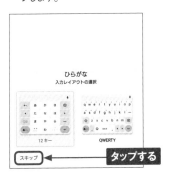

(2) 12キーのキーボードが表示されます。⚙をタップします。

(3) [言語] → [キーボードを追加] → [日本語] の順にタップします。

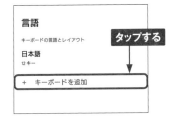

(4) 追加したいキーボードをタップして選択し、[完了] をタップします。

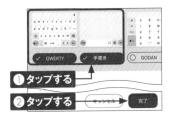

(5) キーボードが追加されます。←を2回タップすると、手順②の画面に戻ります。

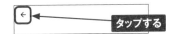

MEMO キーボードの切り替え

キーボードを追加したあとは手順②の画面で ·:· が ⊕ に切り替わるので、⊕をロングタッチします。切り替えられるキーボードが表示されるので、切り替えたいキーボードをタップすると、キーボードが切り替わります。

12キーで文字を入力する

●トグル入力を行う

① 12キーは、一般的な携帯電話と同じ要領で入力が可能です。たとえば、あを5回→かを1回→さを2回タップすると、「おかし」と入力されます。

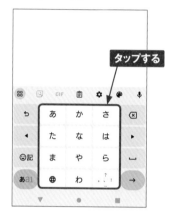

② 変換候補から選んでタップすると、変換が確定します。手順①でをタップして、変換候補の欄をスライドすると、さらにたくさんの候補を表示できます。

●フリック入力を行う

① 12キーでは、キーを上下左右にフリックすることでも文字を入力できます。キーをロングタッチするとガイドが表示されるので、入力したい文字の方向へフリックします。

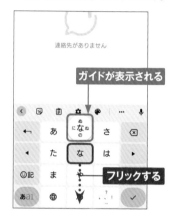

② フリックした方向の文字が入力されます。ここでは、なを下方向にフリックしたので、「の」が入力されました。

QWERTYで文字を入力する

① QWERTYでは、パソコンのローマ字入力と同じ要領で入力が可能です。たとえば、$g → i → j → u$の順にタップすると、「ぎじゅ」と入力され、変換候補が表示されます。候補の中から変換したい単語をタップすると、変換が確定します。

② 文字を入力し、[日本語]もしくは[変換]をタップしても文字が変換されます。

③ 希望の変換候補にならない場合は、◀ / ▶をタップして文節の位置を調節します。

④ ←をタップすると、濃いハイライト表示の文字部分の変換が確定します。

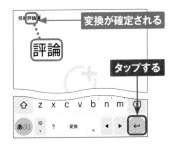

MEMO QWERTYでの ロングタッチ入力

QWERTYでもロングタッチ入力が可能です。数字や記号などをすばやく入力できます。

文字種を変更する

① あa1をタップするごとに、「ひらがな漢字」→「英字」→「数字」の順に文字種が切り替わります。あのときには、ひらがなや漢字を入力できます。

② aのときには、半角英字を入力できます。あa1をタップします。

③ 1のときには、半角数字を入力できます。再度あa1をタップすると、日本語入力に戻ります。

MEMO 全角英数字の入力

[全] と書かれている変換候補をタップすると、全角の英数字で入力されます。

絵文字や顔文字を入力する

1 絵文字や顔文字を入力したい場合は、「12キー」の場合は☺記をタップし、「QWERTY」の場合は、°をロングタッチします。

タップする

2 「絵文字」の表示欄を上下にスライドし、目的の絵文字をタップすると入力できます。

① スライドする
② タップする

3 顔文字を入力したい場合は、キーボード下部の:-)をタップします。あとは手順②と同様の方法で入力できます。記号を入力したい場合は、☆をタップします。

タップする

4 [あいう] をタップします。

:-)	:^)	^_^	(^^)
:,-)	8-)	B-)	o:-)
:-D	}:-)	;)	;-)
:-*	:-P	:-!	:-$
:-X	:-|	:-\	:-[
:-(	:'(	(TT)	=_=
>.<	(+_+)	(*_*)	O_o
:-O	=-O	:0	*\0/*

タップする

5 通常の文字入力に戻ります。

テキストを
コピー&ペーストする

Application

Xperia 1 Vは、パソコンと同じように自由にテキストをコピー&ペーストできます。コピーしたテキストは、別のアプリにペースト（貼り付け）して利用することもできます。

■ テキストをコピーする

(1) コピーしたいテキストをロングタッチします。

(3) ［コピー］をタップします。

(2) テキストが選択されます。●と●を左右にドラッグして、コピーする範囲を調整します。

(4) テキストがコピーされました。

■ テキストをペーストする

① 入力欄で、テキストをペースト（貼り付け）したい位置をロングタッチします。

② [貼り付け] をタップします。

③ コピーしたテキストがペーストされます。

MEMO そのほかのコピー方法

ここで紹介したコピー手順は、テキストを入力・編集する画面での方法です。「Chrome」アプリなどの画面でテキストをコピーするには、該当箇所をロングタッチして選択し、P.32手順②〜③の方法でコピーします。

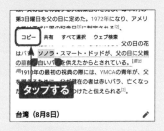

Googleアカウントを設定する

Application

Googleアカウントを設定すると、Googleが提供するサービスを利用できます。ここではGoogleアカウントを作成して設定します。すでに作成済みのGoogleアカウントを設定することもできます。

Googleアカウントを設定する

(1) P.18を参考にアプリ一覧画面を表示し、[設定] をタップします。

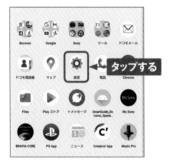

(2) 「設定」アプリが起動するので、画面を上方向にスライドして、[パスワードとアカウント] → [アカウントを追加] の順にタップします。

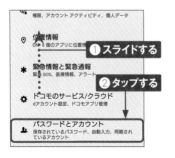

(3) 「アカウントの追加」画面が表示されるので、[Google] をタップします。

MEMO Googleアカウントとは

Googleアカウントを作成すると、Googleが提供する各種サービスへログインすることができます。アカウントの作成に必要なのは、メールアドレスとパスワードの登録だけです。Googleアカウントを設定しておけば、Gmailなどのサービスがかんたんに利用できます。

④ [アカウントを作成] → [自分用] の順にタップします。すでに作成したアカウントを使うには、アカウントのメールアドレスまたは電話番号を入力します（右下のMEMO参照）。

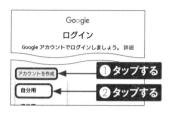

⑤ 上の欄に「姓」、下の欄に「名」を入力し、[次へ] をタップします。

⑥ 生年月日と性別をタップして設定し、[次へ] をタップします。

⑦ [自分でGmailアドレスを作成] をタップして、希望するメールアドレスを入力し、[次へ] をタップします。

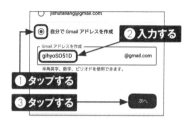

⑧ パスワードを入力し、[次へ] をタップします。

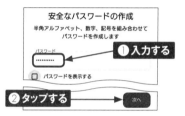

MEMO 既存のアカウントの利用

作成済みのGoogleアカウントがある場合は、手順④の画面でメールアドレスまたは電話番号を入力して、[次へ] をタップします。次の画面でパスワードを入力し、P.36手順⑨もしくはP.37手順⑬以降の解説に従って設定します。

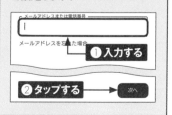

1

9 パスワードを忘れた場合のアカウント復旧に使用するために、電話番号を登録します。画面を上方向にスワイプします。

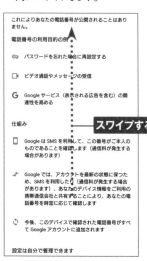

11 「アカウント情報の確認」画面が表示されたら、[次へ]をタップします。

10 ここでは[はい、追加します]をタップします。電話番号を登録しない場合は、[その他の設定] → [いいえ、電話番号を追加しません] → [完了]の順にタップします。

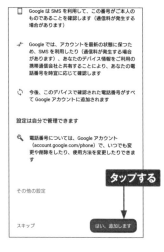

12 内容を確認して、[同意する]をタップします。

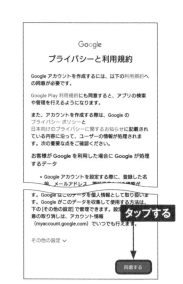

(13) 利用したいGoogleサービスがオンになっていることを確認して、[同意する] をタップします。

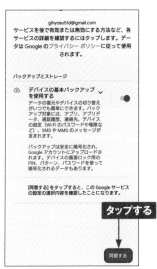

(14) P.34手順②の過程で表示される「パスワードとアカウント」画面に戻ります。作成したGoogleアカウントをタップして、次の画面で[アカウントの同期] をタップします。

(15) Googleアカウントで同期可能なサービスが表示されます。サービス名をタップすると、同期の有効と無効を切り替えることができます。

MEMO Googleアカウントの削除

手順⑭の画面でGoogleアカウントをタップし、[アカウントを削除] をタップすると、GoogleアカウントをXperia 1 Vから削除できます。ただ、アカウント自体は消えませんので注意してください。

ドコモのID・パスワードを設定する

Xperia 1 Vにdアカウントを設定すると、NTTドコモが提供するさまざまなサービスをインターネット経由で利用できるようになります。また、あわせてspモードパスワードの変更も済ませておきましょう。

1 ■ dアカウントとは

「dアカウント」とは、NTTドコモが提供しているさまざまなサービスを利用するためのIDです。dアカウントを作成し、Xperia 1 Vに設定することで、Wi-Fi経由で「dマーケット」などのドコモの各種サービスを利用できるようになります。

なお、ドコモのサービスを利用しようとすると、いくつかのパスワードを求められる場合があります。このうちspモードパスワードは「お客様サポート」(My docomo)で変更やリセットができますが、「ネットワーク暗証番号」はインターネット上で再発行できません(P.42手順②の画面で変更は可能)。番号を忘れないように気を付けましょう。さらに、spモードパスワードを初期値(0000)のまま使っていると、変更をうながす画面が表示されることがあります。その場合は、画面の指示に従ってパスワードを変更しましょう。

なお、ドコモショップなどですでに設定を行っている場合、ここでの設定は必要ありません。また、以前使っていた機種でdアカウントを作成・登録済みで、機種変更でXperia 1 Vを購入した場合は、自動的にdアカウントが設定されます。

ドコモのサービスで利用するID／パスワード	
ネットワーク暗証番号	お客様サポート(My docomo)や、各種電話サービスを利用する際に必要です(P.40参照)。
dアカウント／パスワード	ドコモのサービスやdポイントを利用するときに必要です。
spモードパスワード	ドコモメールの設定、spモードサイトの登録／解除の際に必要です。初期値は「0000」ですが、変更が必要です(P.42参照)。

dアカウントを設定する

(1) P.18を参考に「設定」アプリを
起動して、[ドコモのサービス／ク
ラウド] をタップします。

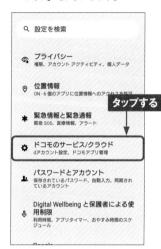

Q 設定を検索

🔒 **プライバシー**
権限、アカウント アクティビティ、個人データ

📍 **位置情報**
ON - 6 個のアプリに位置情報へのアクセスを許可

タップする

✳️ **緊急情報と緊急通報**
緊急 SOS、医療情報、アラート

⚙️ **ドコモのサービス/クラウド**
dアカウント設定、ドコモアプリ管理

🔑 **パスワードとアカウント**
保存されているパスワード、自動入力、同期され
ているアカウント

👤 **Digital Wellbeing と保護者による使
用制限**
利用時間、アプリタイマー、おやすみ時間のスケ
ジュール

(2) [dアカウント設定] をタップしま
す。次の画面で[利用の許可へ]
→ [許可] の順にタップします。

← ドコモのサービス/クラウド

dアカウント設定
ドコモアプリで利用するdアカウントを設定します
（Wi-Fi接続時の利用も含む）

ドコモアプリデータバックアップ
各アプリのデータバックアップ/復元の設定やデータがバッ
クアップされたアプリの一覧を確認できます

ドコモアプリ管理
アプリのアップデートなどを行います

タップする

おすすめアプリ
おすすめアプリの設定や過去に受信した通知の確認ができま
す

おすすめ使い方ヒント
おすすめ使い方ヒントの設定や過去に表示されたヒントの確
認ができます

スグアプ設定
スマホを振るなどの直感操作で、スグにアプリの起動の操作
ができます

ドコモ位置情報
イマドコサーチ/ケータイお探しサービスの位置情報サービ
ス機能の設定を行います

端末情報送信
端末情報をドコモが管理するサーバへ送信するための設定を

(3) 「dアカウント設定」画面が表示
されたら、[ご利用中のdアカウン
トを設定] をタップします。新規
に作成する場合は、[新たにdア
カウントを作成] をタップします。

dアカウント設定 ≡

dアカウント設定で
簡単安心アクセス！

●ID&パスワードの入力が不要
●生体認証で安心（※生体認証機能対応）

タップする

ご利用中のdアカウントを設定

新たにdアカウントを作成

MEMO 新たにdアカウントを
作成

手順③の画面で [新たにdアカ
ウントを作成] をタップすると、
新規作成の手順になります。そ
の場合は画面の指示に従って、
お客様情報などを入力して進め
ます。

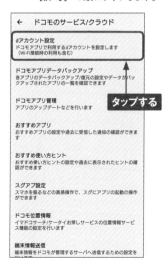

← 連絡先携帯電話番号

❶連絡先　　❷IDの設定　　❸パスワード・お客様情報

連絡先に設定する携帯電話番号を選択してください。

新たな番号を入力

④ ネットワーク暗証番号を入力して、[設定する]をタップします。

⑤ dアカウントの作成が完了しました。生体認証の設定は、ここでは[設定しない]をタップして、[OK]をタップします。

⑥ 「アプリ一括インストール」画面が表示されたら、[後で自動インストール]をタップして、[進む]をタップします。

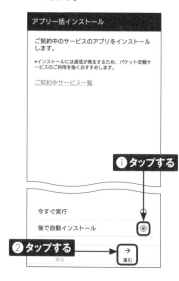

⑦ dアカウントの設定が完了します。

dアカウントのIDを変更する

1 P.40手順⑦の画面で[ID操作]をタップします。表示されていない場合は、「設定」アプリで[ドコモのサービス/クラウド] → [dアカウント設定]の順にタップします。

2 [IDの変更]をタップします。

3 好きなIDを設定するのところの○をタップして◉にし、IDを入力して、[設定する]をタップします。

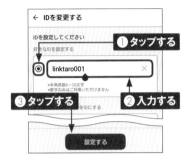

4 パスワードを入力して、[OK]をタップします。

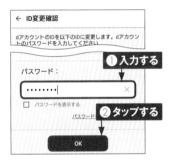

5 [OK]をタップすると、設定が完了します。

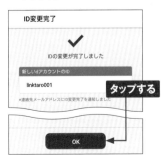

spモードパスワードを変更する

(1) ホーム画面で [dメニュー] をタップし、[My docomo] → [設定] の順にタップします。

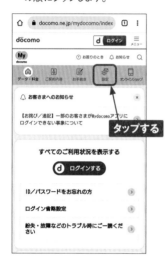

(2) 画面を上方向にスライドし、[spモードパスワード] → [変更する] の順にタップします。dアカウントへのログインが求められたら画面の指示に従ってログインします。

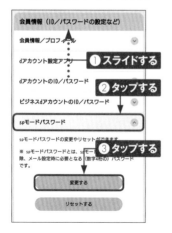

(3) ネットワーク暗証番号を入力し、[認証する] をタップします。パスワードの保存画面が表示されたら、[使用しない] をタップします。

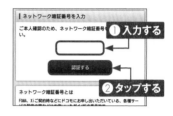

(4) 現在のspモードパスワード（初期値は「0000」）と新しいパスワード（不規則な数字4文字）を入力します。[設定を確定する] をタップします。

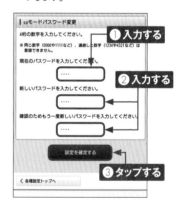

> ### MEMO
> **spモードパスワードのリセット**
>
> spモードパスワードがわからなくなったときは、手順②の画面で [リセットする] をタップし、画面の指示に従って手続きを行うと、初期値の「0000」にリセットできます。

電話機能を使う

電話をかける・受ける

電話操作は発信も着信も非常にシンプルです。発信時はホーム
画面のアイコンからかんたんに電話を発信でき、着信時はドラッグ
またはタップ操作で通話を開始できます。

電話をかける

① ホーム画面で◎をタップします。

タップする

② 「電話」アプリが起動します。■
をタップします。

タップする

☆ お気に入り　　● 履歴　　ᝢ 連絡先

③ 相手の電話番号をタップして入力
し、🔊をタップすると、電話が
発信されます。

❶タップする　　　❷タップする

1 ∞	2 ABC	3 DEF
4 GHI	5 JKL	6 MNO
7 PQRS	8 TUV	9 WXYZ
*	0 .	#

📞 音声通話

④ 相手が応答すると通話がはじまり
ます。◎をタップすると、通話が
終了します。

発信中...
09000000000

タップする

■ 電話を受ける

① 電話がかかってくると、着信画面が表示されます（スリープ状態の場合）。を上方向にスワイプします。また、画面上部に通知で表示された場合は、[応答] をタップします。

② 相手との通話がはじまります。通話中にアイコンをタップすると、ダイヤルキーなどの機能を利用できます。

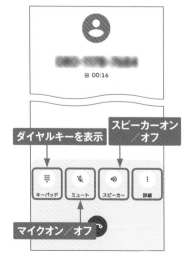

③ をタップすると、通話が終了します。

MEMO サイレントモード

Xperia 1 Vでは、着信中にスマートフォンの画面を下にして平らな場所に置くと、着信通知をオフにすることができます。P.46手順①の画面で右上の⋮をタップし、[設定] → [ふせるだけでサイレントモード] の順にタップしてオンにします。

← ふせるだけでサイレント モード

ふせるだけでサイレント モード
着信音が鳴っているときにスマートフォンの画面を下にして平らな場所に置くと、着信通知がオフになります

発信や着信の履歴を確認する

Application

電話の発信や着信の履歴は、通話履歴画面で確認します。また、電話をかけ直したいときに発着信履歴画面から発信したり、履歴からメッセージ（SMS）を送信したりすることもできます。

■ 発信や着信の履歴を確認する

① ホーム画面で🔵をタップして「電話」アプリを起動し、[履歴] をタップします。

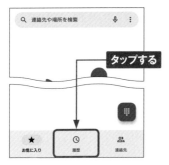

② 通話の履歴を確認できます。履歴をタップして、[履歴を開く] をタップします。

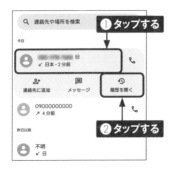

③ 通話の詳細を確認することができます。

MEMO 履歴の削除

手順③の画面で右上の : をタップし、その中の [履歴を削除] → [削除] の順にタップすると、履歴を削除できます。

履歴から発信する

①　P.46手順①を参考に通話履歴画面を表示します。発信したい履歴の℡をタップします。

②　電話が発信されます。

MEMO 履歴からメッセージ（SMS）を送信

P.46手順②の画面で履歴をタップし、表示されるメニューで［メッセージ］をタップすると、メッセージの作成画面が表示され、相手にメッセージを送信することができます（あらかじめP.85を参考にして、設定を行う必要があります）。そのほかに、履歴の相手を連絡先に追加することも可能です（P.53参照）。

伝言メモを利用する

Xperia 1 Vでは、電話に応答できないときに本体に伝言を記録する伝言メモ機能を利用できます。有料サービスである留守番電話サービスとは異なり、無料で利用できるのでぜひ使ってみましょう。

伝言メモを設定する

1 P.44手順①を参考に「電話」アプリを起動して、画面右上の⋮をタップし、[設定]をタップします。

2 「設定」画面で[通話アカウント]→利用中のSIM(ここでは「docomo」)→[伝言メモ]→[OK]の順にタップします。

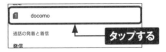

3 「伝言メモ」画面で[伝言メモ]をタップし、◯●を●◯に切り替えます。[応答時間設定]をタップします。

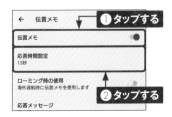

4 説明を確認して、[OK]をタップします。

5 応答時間をドラッグして変更し、[完了]をタップします。有料の「留守番電話サービス」を契約している場合は、その呼び出し時間(契約時15秒)より短く設定する必要があります。

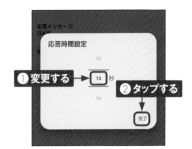

伝言メモを再生する

(1) 不在着信と伝言メモがあると、ステータスバーに 🔘 が表示されます。ステータスバーを下方向にドラッグします。

(2) 通知パネルが表示されるので、伝言メモの通知をタップします。

(3) 「伝言メモリスト」画面で聞きたい伝言メモをタップすると、伝言メモが再生されます。

(4) 伝言メモを削除するには、ロングタッチして [削除] をタップします。

> **MEMO 留守番電話サービス**
>
> 有料の「留守番電話サービス」は、端末の電源が切れていたり通話圏外であったりしても、留守番電話を受けられます。ただし、留守電メッセージを確認するには「1417」に電話をかける必要があります。

電話帳を利用する

Application

電話番号やメールアドレスなどの連絡先は、「ドコモ電話帳」で管理することができます。クラウド機能を有効にすることで、電話帳データが専用のサーバーに自動で保存されます。

ドコモ電話帳のクラウド機能を有効にする

(1) アプリ一覧画面で[ドコモ電話帳]をタップします。

タップする

(2) 初回起動時は「クラウド機能の利用について」画面が表示されます。[注意事項]をタップします。

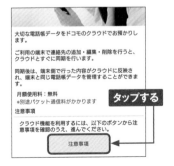

大切な電話帳データをドコモのクラウドでお預かりします。

ご利用の端末で連絡先の追加・編集・削除を行うと、クラウドとすぐに同期を行います。

同期後は、端末側で行った内容がクラウドに反映され、端末と同じ電話帳データを管理することができます。

月額使用料：無料
※別途パケット通信料がかかります

注意事項

クラウド機能を利用するには、以下のボタンから注意事項を確認のうえ、進んでください。

タップする

注意事項

(3) 「Chromeにようこそ」画面が表示された場合は、[同意して続行]→[続行]→[OK]の順にタップします。注意事項が表示されるので、説明を確認して、◀をタップします。

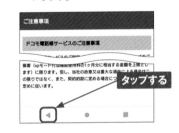

ご注意事項

ドコモ電話帳サービスのご注意事項

損害（spモード付加機能使用料の1ヶ月分に相当する金額を上限とします）に限ります。但し、当社の故意又は重大な過失による場合にこの限りではなく、また、契約約款に定める場合にこ定めに従います。

タップする

◀ ● ■

(4) 手順②の画面に戻るので、[利用する]→[許可]の順にタップします。

す。

月額使用料：無料
※別途パケット通信料がかかります

注意事項

クラウド機能を利用するには、以下のボタンから注意事項を確認のうえ、進んでください。

注意事項

アプリケーション・プライバシーポリシー

株式会社NTTドコモが提供する本サービ利用者情報の取扱いの概要は以下のとおり本サービスのご利用前にアプリケーション・プライバシーポリシーを必ずご確認いただき、内容をご理解のうえ、ご利用ください。

タップする

利用しない | 利用する

⑤ すでに利用したことがあって、クラウドにデータがある場合は、「すべての連絡先」画面に登録済みの電話帳データが表示され、ドコモ電話帳が利用できるようになります。

📌 **MEMO** **ドコモ電話帳の クラウド機能とは**

ドコモ電話帳では、電話帳データを専用のクラウドサーバーに自動で保存しています。そのため、機種変更をしたときも、クラウドを利用してかんたんに電話帳を移行することができます。そのほか、別の端末から同じdアカウントを利用することで、クラウド上にある電話帳を閲覧・編集できる「マルチデバイス機能」も用意されています。

2

■ 電話帳のデータを切り替える

① 「ドコモ電話帳」アプリを起動し、画面左上の ≡ をタップしてメニューを表示して、アカウントを選択します。ここでは、[docomo] をタップします。

② ドコモのクラウドサーバーに保存している連絡先だけが表示されます。

連絡先に新規連絡先を登録する

1 P.51手順⑤の画面で ➕ をタップします。

2 連絡先を保存するアカウントを選びます。ここでは[docomo]をタップします。

3 入力欄をタップし、「姓」と「名」の入力欄に相手の氏名を入力します。続けて、ふりがなも入力します。

4 電話番号の情報も入力し、完了したら、[保存]をタップします。

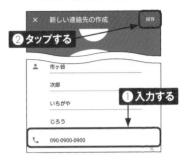

5 連絡先の情報が保存され、登録した相手の情報が表示されます。

 MEMO 連絡先の保存先

連絡先を新規登録する際、手順③の画面で[保存先]をタップすると、保存先を「docomo」と「Google」のどちらかから選ぶことができます。

連絡先を履歴から登録する

(1) P.44手順①を参考にして、「電話」アプリを起動します。[履歴]をタップして、通話履歴を表示します。連絡先に登録したい電話番号をタップします。

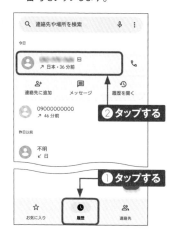

(2) [連絡先に追加]をタップします。

(3) P.52手順②〜③の方法で連絡先の情報を登録し、[保存]をタップします。

2

MEMO 連絡先の検索

「ドコモ電話帳」アプリの上部にある を タップすると、登録されている連絡先を探すことができます。フリガナを登録している場合は、名字もしくは名前の読みの一文字目を入力すると候補に表示されます。

マイプロフィールを確認・編集する

① P.51手順①を参考にメニューを表示し、[設定] をタップします。

② [ユーザー情報] をタップします。

③ 自分の情報を登録できます。編集する場合は、✐をタップします。

④ P.52手順②～③の方法で情報を入力し、[保存] をタップします。

MEMO 住所の登録

マイプロフィールに住所や誕生日などを登録したい場合は、手順④の画面下部にある [その他項目] をタップし、[住所] などをタップします。

■ ドコモ電話帳のそのほかの機能

●電話帳を編集する

(1) P.50手順①を参考に「すべての連絡先」画面を表示し、編集したい連絡先の名前をタップします。

(2) ■をタップして「連絡先を編集」画面を表示し、P.52手順③～④の方法で連絡先を編集します。

●電話帳から電話を発信する

(1) 左記手順②の画面で電話番号をタップします。

(2) 電話が発信されます。

着信拒否を設定する

Application

Xperia 1 Vでは、非通知や、リストに登録した電話番号からの着信を拒否することができます。迷惑電話やいたずら電話がくり返しかかってきたときに、着信拒否を設定しましょう。

着信拒否リストに登録する

(1) P.44手順①を参考に「電話」アプリを起動し、画面右上の ⋮ → [設定] の順にタップします。

Q 連絡先や場所を... 通話履歴

設定

ヘルプとフィードバック

タップする

(2) [ブロック中の電話番号] をタップします。

← 設定

ユーザー補助設定

① 発着信情報 / 迷惑電話

全般設定

🕴 ユーザー補助機能

🚫 ブロック中の電話番号

通話アカウント

⊙ 通話の録音

タップする

(3) 着信を拒否したい設定をタップし、⬤ にします。

← 着信拒否設定

タップする

電話帳登録外
電話帳に登録していない番号からの着信を拒否します

非通知
電話番号が通知されていない着信を拒否します ⬤

公衆電話
公衆電話からの着信を拒否します ⬤

通知不可能
電話番号を通知不可能な着信を拒否します

拒否設定した電話番号からの着信やメッセージを拒否します

(4) 番号を指定して着信拒否をしたい場合は、[番号を追加] をタップします。

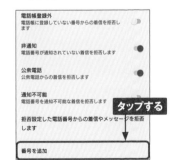

電話帳登録外
電話帳に登録していない番号からの着信を拒否します

非通知
電話番号が通知されていない着信を拒否します ⬤

公衆電話
公衆電話からの着信を拒否します ⬤

通知不可能
電話番号を通知不可能な着信を拒否します

拒否設定した電話番号からの着信やメッセージを拒否します

タップする

番号を追加

(5) 着信を拒否したい電話番号を入力し、[追加]をタップします。

(6) 「拒否設定しました」というメッセージが表示されたら、登録完了です。

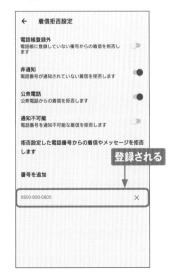

(7) 着信拒否に追加した番号を削除したい場合は、×をタップします。

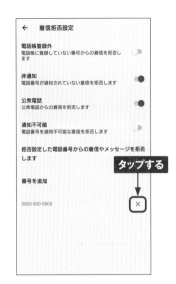

(8) [拒否設定を解除]をタップすると、着信拒否が解除されます。

2

着信音やマナーモードを設定する

Application

メールの通知音や電話の着信音は、「設定」アプリから変更することができます。また、マナーモードの設定などは、クイック設定ツールからワンタップで行うことができます。

■ 通知音や着信音を変更する

1 P.18を参考に「設定」アプリを起動して、[音設定]をタップします。

```
Q 設定を検索

🔋 バッテリー
   100%
                      タップする
🗄 ストレージ
   使用済み 13% - 空き容量 222 GB

🔊 音設定
   音量、バイブレーション、サイレント モード

💡 画面設定
   明るさのレベル、スリープ、フォントサイズ
```

2 「音設定」画面が表示されるので、[着信音]または[通知音]をタップします。ここでは[着信音-SIM1]をタップします。

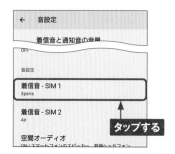

```
←  音設定

着信音と通知音の音量
OFF

音設定

着信音 - SIM 1
Xperia

着信音 - SIM 2
Air                      タップする

空間オーディオ
```

3 変更したい着信音をタップすると、着信音を確認することができます。[OK]をタップすると、着信音が変更されます。

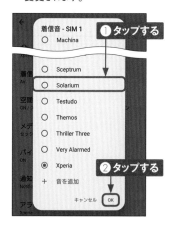

```
←  着信音 - SIM 1      ①タップする
   ○ Machina

   ○ Sceptrum
   ○ Solarium
   ○ Testudo
   ○ Themos
   ○ Thriller Three
   ○ Very Alarmed
   ◉ Xperia             ②タップする
   ＋ 音を追加

         キャンセル   OK
```

MEMO　操作音などを設定する

手順②の画面で「ダイヤルパッドの操作音」や「画面ロックの音」などのシステム操作時の音の有効・無効を切り替えることができます。

音量を設定する

●音量キーから設定する

① ロックを解除した状態で、音量キーを押すと、メディアの音量設定画面が表示されるので、スライダーをドラッグして、音量を設定します。…をタップします。

ドラッグして設定

タップする

② 他の項目が表示され、ここから音量を設定することができます。

音設定	
♪ メディアの音量	
♪ 通話音量	
♫ 着信音と通知音の音量	
⏰ アラームの音量	
(設定)	完了

●「設定」アプリから設定する

① P.58手順②の画面で各項目のスライダーをドラッグして音量を調節することができます。

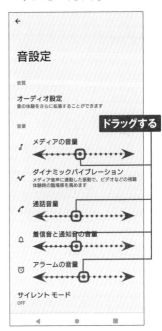

音設定

音質

オーディオ設定
音の体験をさらに拡張することができます

音量

ドラッグする

♪ メディアの音量

√ ダイナミックバイブレーション
メディア音声に連動した振動で、ビデオなどの視聴体験時の臨場感を高めます

♪ 通話音量

♫ 着信音と通知音の音量

⏰ アラームの音量

サイレント モード
OFF

MEMO ダイナミックバイブレーション

Xperia 1 Vで音楽や動画やゲームを再生しているときに音量キーを押すと、音の大きさに応じて振動する「ダイナミックバイブレーション」機能の強弱を設定できます。この強弱設定は、再生するアプリごとに保存されます。

2

■ マナーモードを設定する

① 本体の右側面にある音量キーを押し、🔔をタップします。

② 🔅をタップします。

③ アイコンが 🔅 になり、バイブレーションのみのマナーモードになります。

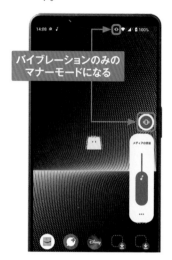

④ 手順②の画面で 🔕 をタップするとアイコンが 🔕 になり、バイブレーションもオフになったマナーモードになります（アラームや動画、音楽は鳴ります）。🔔 をタップすると 🔔 に戻り、マナーモードが解除されます。

メールやインターネット
を利用する

Application

Webページを閲覧する

「Chrome」アプリでWebページを閲覧できます。Googleアカウントでログインすることで、パソコン用の「Google Chrome」とブックマークや履歴の共有が行えます。

Webページを閲覧する

1 ホーム画面を表示して、◎をタップします。初回起動時はアカウントの確認画面が表示されるので、[同意して続行] または [○○として続行] をタップし、「同期を有効にしますか?」画面で [有効にする] → [続行] → [許可] の順にをタップします。

2 「Chrome」アプリが起動して、標準ではdメニューのWebページが表示されます。[アドレス入力欄] が表示されない場合は、画面を下方向にスライドすると表示されます。

3 [アドレス入力欄] をタップし、URLを入力して、→をタップします。入力の際に下部に表示される検索候補をタップすると、検索結果などが表示されます。

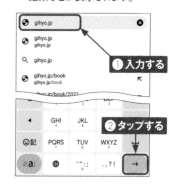

4 入力したURLのWebページが表示されます。

Webページを移動・更新する

(1) Webページの閲覧中に、リンク先のページに移動したい場合、ページ内のリンクをタップします。

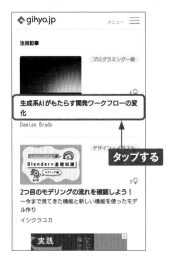

タップする

(2) ページが移動します。◀ をタップすると、タップした回数だけページが戻ります。

タップする

(3) 画面右上の⋮をタップして、→をタップすると、前のページに進みます。

タップする

(4) ⋮をタップして、Cをタップすると、表示しているページが更新されます。

タップする

3

MEMO Google検索

P.62手順③で「アドレス入力欄」に調べたいキーワードを入力して⊙をタップすると、検索した結果のページが表示されます。キーワードの一部を入力して、下部のQアイコンの項目をタップすることでも検索できます。

複数のWebページを同時に開く

Application

「Chrome」アプリでは、複数のWebページをタブを切り替えて同時に開くことができます。複数のページを交互に参照したいときや、常に表示しておきたいページがあるときに利用すると便利です。

Webページを新しいタブで開く

(1) 「Chrome」アプリを起動し、[アドレス入力欄]を表示して（P.62参照）、 ⋮ をタップします。

タップする

(2) [新しいタブ]をタップします。

タップする

(3) 新しいタブが表示されます。

(4) P.62を参考にして、Webページを表示します。

3

複数のタブを切り替える

① 複数のタブを開いた状態でタブ切り替えアイコンをタップします。

③ 表示するタブが切り替わります。

② 現在開いているタブの一覧が表示されるので、表示したいタブをタップします。

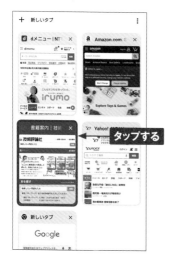

MEMO タブを閉じるには

不要なタブを閉じたいときは、手順②の画面で、右上の×をタップします。なお、最後に残ったタブを閉じると、「Chrome」アプリが終了します。

■ タブをグループで開く

(1) ページ内のリンクをロングタッチします。

(2) [新しいタブをグループで開く] をタップします。

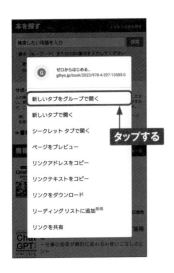

(3) リンク先のページが新しいタブで開きます。グループ化されており、画面下にタブの切り替えアイコンが表示されます。別のアイコンをタップします。

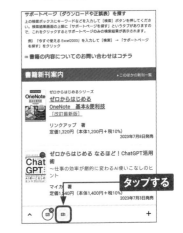

(4) リンク先のページが表示されます。

■ グループ化したタブを整理する

(1) P.66手順③の画面で [+] をタップすると、グループ内に新しいタブが追加されます。画面右上のタブ切り替えアイコンをタップします。

(2) 現在開いているタブの一覧が表示され、グループ化されているタブは1つのタブの中に複数のタブがまとめられていることがわかります。グループ化されているタブをタップします。

(3) グループ内のタブが表示されます。タブの右上の [×] をタップします。

(4) グループ内のタブが閉じます。←をタップします。

(5) 現在開いているタブの一覧に戻ります。タブグループにタブを追加したい場合は、追加したいタブをロングタッチし、タブグループにドラッグします。

(6) タブグループにタブが追加されます。

ブックマークを利用する

Application

「Chrome」アプリでは、WebページのURLを「ブックマーク」に
追加し、好きなときにすぐに表示することができます。よく閲覧する
Webページはブックマークに追加しておくと便利です。

ブックマークを追加する

(1) ブックマークに追加したいWeb
ページを表示して、⋮をタップしま
す。

(2) ☆をタップします。

(3) ブックマークが追加されます。追
加直後に正面下部に表示される
[編集]をタップするか、手順②
の画面で★をタップします。

(4) 名前や保存先のフォルダなどを編
集し、←をタップします。

MEMO ホーム画面にショートカットを配置するには

手順②の画面で[ホーム画面に
追加]をタップすると、表示して
いるWebページのショートカット
をホーム画面に配置できます。

ブックマークからWebページを表示する

① 「Chrome」アプリを起動し、[アドレス入力欄]を表示して（P.62参照）、 **:** をタップします。

タップする

② [ブックマーク]をタップします。

タップする

③ 「ブックマーク」画面が表示されるので、[モバイルのブックマーク]をタップして、閲覧したいブックマークをタップします。

タップする

④ ブックマークしたWebページが表示されます。

3

MEMO **ブックマークの削除**

手順③の画面で削除したいブックマークの **:** をタップし、[削除]をタップすると、ブックマークを削除できます。

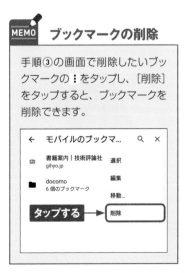

タップする → 削除

利用できるメールの種類

Xperia 1 Vでは、ドコモメール（@docomo.ne.jp）やSMS、＋メッセージを利用できるほか、GmailおよびYahoo!メールなどのパソコンのメールも使えます。

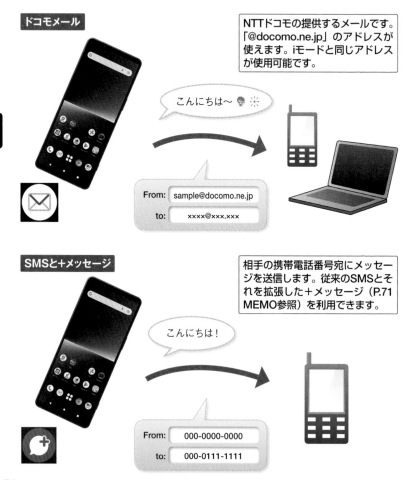

ドコモメール

> NTTドコモの提供するメールです。「@docomo.ne.jp」のアドレスが使えます。iモードと同じアドレスが使用可能です。

こんにちは〜 💀 ☀

From: sample@docomo.ne.jp
to: xxxx@xxx.xxx

SMSと＋メッセージ

> 相手の携帯電話番号宛にメッセージを送信します。従来のSMSとそれを拡張した＋メッセージ（P.71 MEMO参照）を利用できます。

こんにちは！

From: 000-0000-0000
to: 000-0111-1111

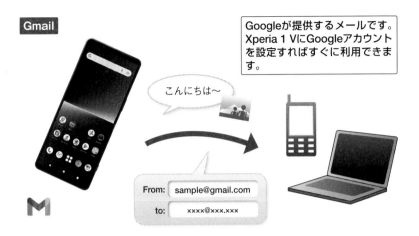

Gmail

Googleが提供するメールです。Xperia 1 VにGoogleアカウントを設定すればすぐに利用できます。

こんにちは〜

From: sample@gmail.com

to: xxxx@xxx.xxx

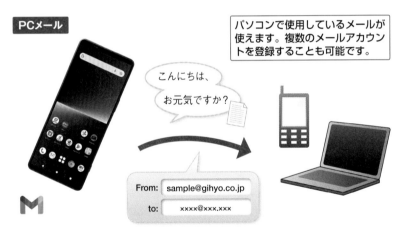

PCメール

パソコンで使用しているメールが使えます。複数のメールアカウントを登録することも可能です。

こんにちは、

お元気ですか?

From: sample@gihyo.co.jp

to: xxxx@xxx.xxx

MEMO　+メッセージについて

+メッセージは、従来のSMSを拡張したものです。宛先に相手の携帯電話番号を指定するのはSMSと同じですが、文字だけしか送信できないSMSと異なり、スタンプや写真、動画などを送ることができます。ただし、SMSは相手を問わず利用できるのに対し、+メッセージは、相手も+メッセージを利用している場合のみやり取りが行えます。相手が+メッセージを利用していない場合は、SMSとして文字のみが送信されます。

ドコモメールを設定する

Application

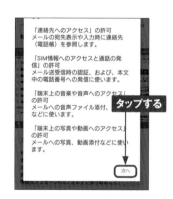

Xperia 1 Vでは「ドコモメール」を利用できます。ここでは、ドコモメールの初期設定方法を解説します。なお、ドコモショップなどで、すでに設定を行っている場合は、ここでの操作は必要ありません。

ドコモメールの利用を開始する

(1) ホーム画面で◯◯をタップします。「ドコモメール」アプリがインストールされていない場合は、[アップデート]をタップしてインストールを行い、[アプリ起動]をタップして、アプリを起動します。

① タップする

② タップする

(2) アクセスの許可が求められるので、[次へ]をタップします。

タップする

(3) [許可]を4回タップして進みます。

連絡先へのアクセスを「ドコモメール」に許可しますか？

許可

許可しない

タップする

④ 「ドコモメールアプリ更新情報」画面が表示されたら、[閉じる]をタップします。

⑤ 「設定情報の復元」画面が表示されたら、[設定情報を復元する]か[復元しない]のどちらかを選択して、[OK]をタップします。ここでは、[復元しない]をタップしています。

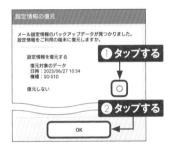

⑥ 「文字サイズ設定」画面が表示されたら、使用したい文字サイズをタップし、[OK]をタップします。

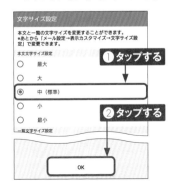

⑦ 「フォルダー覧」画面が表示され、ドコモメールが利用できるようになります。

⑧ 次回からは、P.72手順①で🖂をタップするだけで手順⑦の画面が表示されます。

3

73

■ ドコモメールのアドレスを変更する

1 新規契約の場合など、メールアドレスを変更したい場合は、ホーム画面で○をタップします。

2 「フォルダー覧」画面が表示されます。画面右下の[その他]をタップします。

3 [メール設定]をタップします。

4 [ドコモメール設定サイト]をタップします。

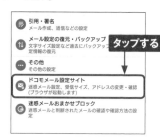

5 「パスワード確認」画面が表示されたら、dアカウントのIDを確認して、パスワードを入力し、[パスワード確認]をタップします。このとき、セキュリティコードがショートメッセージで送信されるので、確認して入力します。

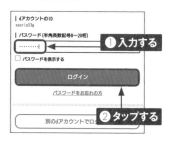

6 「メール設定」画面で画面を上方向にスライドして、[メールアドレスの変更]をタップします。

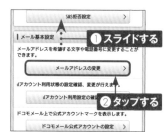

7 画面を上方向にスライドして、メールアドレスの変更方法をタップして選択します。ここでは[自分で希望するアドレスに変更する]をタップします。

そのため、スマートフォンやタブレットにdアカウントを設定されている場合、変更後のdアカウントを端末に再度設定する必要があります。

「電話番号を使ったアドレスに変更する」場合
電話番号@docomo.ne.jpに変更します。

① スライドする

※ 過去にメールアドレスを変更した場合は同じメールアドレスが使えない可能性があります。

| メールアドレスの変更方法の選択

② タップする

変更方法を選んでください。

○ 電話番号を使ったアドレスに変更する

● 自分で希望するアドレスに変更する（次に希望するアドレスを入力してください）

8 画面を上方向にスライドして、希望するメールアドレスを入力し、[確認する]をタップします。

| 希望するアドレスの入力

希望するアドレスを入力してください。

① スライドする

※ 半角英数字文字、以下の半角記号が入力でき、ご利用いただけます。ただし、「.」は使用することや、＠マークの直前で使用することはできません。

※ 先頭の文字は必ず半角英字を入力してください。

※ 1日3回、月10回までアドレスを変更できます。

SO51D

② 入力する

確認する

③ タップする

dアカウント：xper*****

d 別のアカウントでログイン

9 [設定を確定する]をタップします。なお、[修正する]をタップすると、手順⑧の画面でアドレスを修正して入力できます。

内容をご確認のうえ、「設定を確定する」ボタンを押してください。

設定する内容

| 希望するアドレス

タップする

so51d@docomo.ne.jp

設定を確定する

修正する

10 メールアドレスが変更されました。◀を何度かタップして、Webページを閉じます。

反映された設定内容

| 希望するアドレス

so51d@docomo.ne.jp

< メール設定トップへ

© NTT DOCOMO, INC. All Rights Reserved.

タップする

◀   ●   ■

11 P.74手順④の画面に戻るので、[その他]→[マイアドレス]をタップします。

その他

マイアドレス
gihyosc56c@docomo.ne.jp

サービス改善と利用状況共有
サービス改善のためのご協力に関する設定を行います
OFF

タップする

利用者使用許諾日時
2022/11/02 07.49.09

一時データ削除
端末内の一時データを削除

12 「マイアドレス」画面で[マイアドレス情報を更新]をタップし、更新が完了したら[OK]をタップします。

端末内の一時データを削除

マイアドレス
gihyosc56c@docomo.ne.jp

タップする

マイアドレスをコピー

マイアドレス情報を更新

キャンセル

3

ドコモメールを利用する

Application

変更したメールアドレスで、ドコモメールを使ってみましょう。ほかの携帯電話とほとんど同じ感覚で、メールの閲覧や返信、新規作成が行えます。

ドコモメールを新規作成する

① ホーム画面で🖂をタップします。

② 画面左下の [新規] をタップします。[新規]が表示されないときは、◀ を何度かタップします。

③ 新規メールの「作成」画面が表示されるので、🖺をタップします。「To」欄に直接メールアドレスを入力することもできます。

④ 電話帳に登録した連絡先のアドレスが名前順に表示されるので、送信したい宛先をタップしてチェックを付け、[決定] をタップします。履歴から宛先を選ぶこともできます。

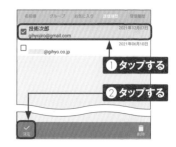

(5) 「件名」欄をタップして、タイトルを入力し、「本文」欄をタップします。

(6) メールの本文を入力します。

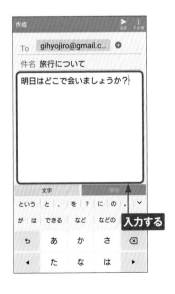

(7) [送信] をタップすると、メールを送信できます。なお、[添付]をタップすると、写真などのファイルを添付できます。

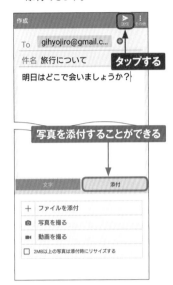

MEMO 文字サイズの変更

ドコモメールでは、メール本文や一覧表示時の文字サイズを変更することができます。P.76手順②で画面右下の [その他] をタップし、[メール設定] → [表示カスタマイズ] → [文字サイズ設定] の順にタップし、好みの文字サイズをタップします。

受信したメールを閲覧する

① メールを受信すると、ロック画面に通知が表示されるので、その通知をタップします。ホーム画面の場合は ✉ をタップします。

② 「フォルダー覧」画面が表示されたら、[受信BOX] をタップします。

③ 受信したメールの一覧が表示されます。内容を閲覧したいメールをタップします。

④ メールの内容が表示されます。宛先横の ⊙ をタップすると、宛先のアドレスと件名が表示されます。

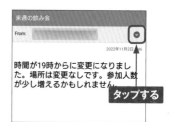

MEMO　メールの削除

「受信BOX」画面で削除したいメールの左にある□をタップしてチェックを付け、画面下部のメニューから [削除] をタップすると、メールを削除できます。

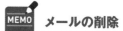

受信したメールに返信する

1 P.78を参考に受信したメールを表示し、画面左下の[返信]をタップします。

2 「作成」画面が表示されるので、相手に返信する本文を入力します。

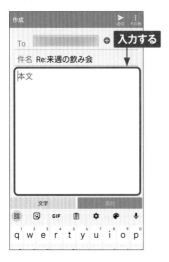

3 [送信]をタップすると、メールの返信が行えます。

MEMO フォルダの作成

ドコモメールではフォルダでメールを管理できます。フォルダを作成するには、「フォルダ一覧」画面で画面右下の[その他]→[フォルダ新規作成]の順にタップします。

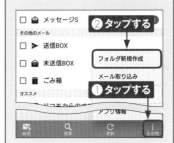

メールを自動振分けする

ドコモメールは、送受信したメールを自動的に任意のフォルダへ振分けることも可能です。ここでは、振分けのルールの作成手順を解説します。

振分けルールを作成する

(1) 「フォルダ一覧」画面で画面右下の [その他] をタップし、[メール振分け] をタップします。

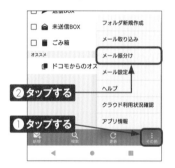

(2) 「振分けルール」画面が表示されるので、[新規ルール] をタップします。

(3) [受信メール] または [送信メール] (ここでは [受信メール]) をタップします。

MEMO 振分けルールの作成

ここでは、「『件名』に『重要』というキーワードが含まれるメールを受信したら、自動的に『要確認』フォルダに移動させる」という振分けルールを作成しています。なお、手順③で [送信メール] をタップすると、送信したメールの振分けルールを作成できます。

④ 「振分け条件」の[新しい条件を追加する]をタップします。

⑤ 振分けの条件を設定します。「対象項目」のいずれか（ここでは、[件名で振り分ける]）をタップします。

⑥ 任意のキーワード（ここでは「重要」）を入力して、[決定]をタップします。

⑦ 手順④の画面に戻るので[フォルダ指定なし]をタップし、[振分け先フォルダを作る]をタップします。

⑧ フォルダ名（ここでは「要確認」）を入力し、[決定]をタップします。「確認」画面が表示されたら、[OK]をタップします。

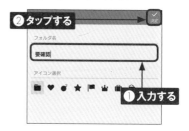

⑨ [決定]をタップします。

⑩ 振分けルールが新規登録されます。

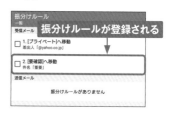

3

Application

迷惑メールを防ぐ

ドコモメールでは、受信したくないメールを、ドメインやアドレス別に細かく設定することができます。スパムメールなどの受信を拒否したい場合などに設定しておきましょう。

迷惑メールフィルターを設定する

(1) ホーム画面で◯をタップします。

タップする

(2) 「フォルダ一覧」画面で画面右下の[その他]をタップし、[メール設定]をタップします。

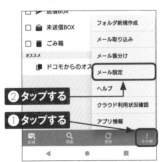

② タップする
① タップする

(3) [ドコモメール設定サイト]をタップします。

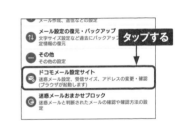

タップする

MEMO 迷惑メールおまかせブロックとは

ドコモでは、迷惑メールフィルターの設定のほかに、迷惑メールを自動で判定してブロックする「迷惑メールおまかせブロック」という、より強力な迷惑メール対策サービスがあります。月額利用料金は200円ですが、これは「あんしんセキュリティ」の料金なので、同サービスを契約していれば、「迷惑メールおまかせブロック」も追加料金不要で利用できます。

④ 「パスワード確認」画面が表示されたら、dアカウントのIDを確認してパスワードを入力し、[パスワード確認]をタップします。

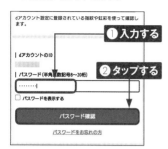

dアカウント設定に登録されている指紋や虹彩を使って確認します。

❶入力する

dアカウントのID

❷タップする

パスワード（半角英数記号8〜20桁）
……

□ パスワードを表示する

パスワード確認

パスワードをお忘れの方

⑤ 「メール設定」画面で、「利用シーンに合わせた設定」欄の[拒否リスト設定]をタップします。

利用シーンに合わせた設定

アドレスやドメインを個別に指定した受信や拒否はこちら。

家族・友人・会社などからのメールを必ず受信　タップする

受信リスト設定　>

特定のアドレスからのメールが届くので拒否したい。

拒否リスト設定　>

詳細な設定

携帯・PHSなどを一括で拒否する場合や特定のURLや大量送信の拒否設定はこちら。

受信するショートメッセージサービス（SMS）を制限できます。

⑥ 「拒否リスト設定」の[設定を利用する]をタップして上方向にスライドします。

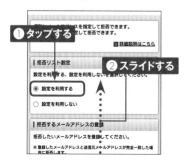

❶タップする

□□□□□□□□アドレスを指定して拒否できます。
□□□□□して拒否できます。
　詳細説明はこちら

拒否リスト設定　❷スライドする

設定を利用する、設定を利用しないを選択してください。

◉ 設定を利用する

○ 設定を利用しない

拒否するメールアドレスの登録

拒否したいメールアドレスを登録してください。

※ 登録したメールアドレスと送信元メールアドレスが完全一致した場合に拒否します。

⑦ 「拒否するメールアドレスの登録」の[さらに追加する]をタップして、拒否したいメールアドレスを入力し、上方向にスライドします。

拒否したいメールアドレスを登録してください。

※ 登録したメールアドレスと送信元メールアドレスが完全一致した場合に拒否します。

※ 登録済メールアドレスをタップするとメールアドレスの編集ができます。

❷入力する　□□□□□した場合は「戻る」をタップしてください。詳□□□□□こちら）をご確認ください。

登録済メールアドレス（1／120件）

2. mdjg@gihyo.co.jp

＋さらに追加する

拒否するドメインの登録　❶タップする

88　☺　GIF　📋　✿　🌐　🎤

↻　@-_/　ABC　❸スライドする

◀　GHI　JKL　MNO　▶

⑧ 「拒否するドメインの登録」の[さらに追加する]をタップして、受信を拒否したいドメインを追加し、[確認する]→[設定を確定する]の順にタップすると、設定が完了します。

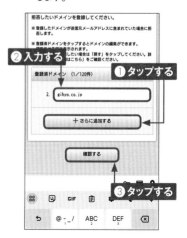

拒否したいドメインを登録してください。

※ 登録したドメインが送信元メールアドレスに含まれていた場合に拒否します。

※ 登録済ドメインをタップするとドメインの編集ができます。

❷入力する　□□□□□□表示されます。
□□□□□した場合は「戻る」をタップしてください。詳□□□□□こちら）をご確認ください。

登録済ドメイン（1／120件）　❶タップする

2. gihyo.co.jp

＋さらに追加する

確認する

❸タップする

88　☺　GIF　📋　✿

↻　@-_/　ABC　DEF　⊗

3

Application

＋メッセージを利用する

「＋メッセージ」アプリでは、携帯電話番号を宛先にして、テキストや写真などを送信できます。「＋メッセージ」アプリを使用していない相手の場合は、SMSでやり取りが可能です。

■ ＋メッセージとは

Xperia 1 Vでは、「＋メッセージ」アプリで＋メッセージとSMSが利用できます。＋メッセージでは文字が全角2,730文字、そのほかに100MBまでの写真や動画、スタンプ、音声メッセージをやり取りでき、グループメッセージや現在地の送受信機能もあります。パケットを使用するため、パケット定額のコースを契約していれば、とくに料金は発生しません。なお、SMSではテキストメッセージしか送れず、別途送信料もかかります。

また、＋メッセージは、相手も＋メッセージを利用している場合のみ利用できます。SMSと＋メッセージどちらが利用できるかは自動的に判別されますが、画面の表示からも判断することができます（下図参照）。

「＋メッセージ」アプリで表示される連絡先の相手画面です。＋メッセージを利用している相手には、 ↻ が表示されます。プロフィールアイコンが設定されている場合は、アイコンが表示されます。

相手が＋メッセージを利用していない場合は、プロフィール画面に「＋メッセージに招待する」と表示されます（上図）。＋メッセージを利用している相手の場合は、何も表示されません（下図）。

■ +メッセージを利用できるようにする

(1) ホーム画面を左方向にスワイプし、[+メッセージ]をタップします。初回起動時は、+メッセージについての説明が表示されるので、内容を確認して、[次へ]をタップしていきます。

(2) アクセス権限のメッセージが表示されたら、[次へ]→[許可]の順にタップします。

(3) 利用条件に関する画面が表示されたら、内容を確認して、[すべて同意する]をタップします。

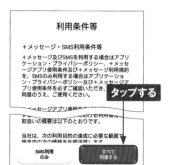

(4) 「+メッセージ」アプリについての説明が表示されたら、左方向にスワイプしながら、内容を確認します。

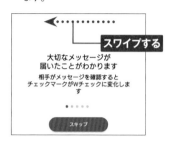

(5) 「プロフィール(任意)」画面が表示されます。名前などを入力し、[OK]をタップします。プロフィールは、設定しなくてもかまいません。

(6) 「+メッセージ」アプリが起動します。

3

85

■ メッセージを送信する

① P.85手順①を参考にして、「+メッセージ」アプリを起動します。新規にメッセージを作成する場合は💬をタップして、➕をタップします。

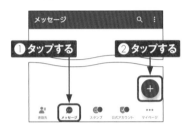

② [新しいメッセージ] をタップします。

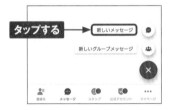

③ 「新しいメッセージ」画面が表示されます。メッセージを送りたい相手をタップします。「名前や電話番号を入力」をタップし、電話番号を入力して、送信先を設定することもできます。

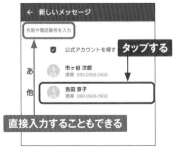

④ [メッセージを入力] をタップして、メッセージを入力し、▶をタップします。

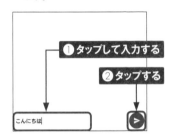

⑤ メッセージが送信され、画面の右側に表示されます。

MEMO 写真やスタンプの送信

「+メッセージ」アプリでは、写真やスタンプを送信することもできます。写真を送信したい場合は、手順④の画面で⊕→🖼の順にタップして、送信したい写真をタップして選択し、▶をタップします。スタンプを送信したい場合は、手順④の画面で☺をタップして、送信したいスタンプをタップして選択し、▶をタップします。

■ メッセージを返信する

(1) メッセージが届くと、ステータスバーにも受信のお知らせが表示されます。ステータスバーを下方向にドラッグします。

(2) 通知パネルに表示されているメッセージの通知をタップします。

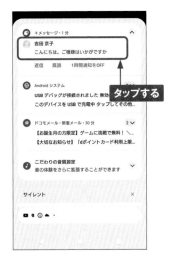

(3) 受信したメッセージが画面の左側に表示されます。メッセージを入力して、●をタップすると、相手に返信できます。

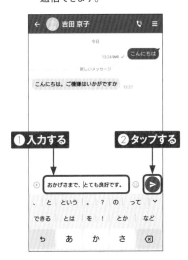

① 入力する　② タップする

MEMO 「メッセージ」画面からのメッセージ送信

「+メッセージ」アプリで相手とやり取りすると、「メッセージ」画面にやり取りした相手が表示されます。以降は、「メッセージ」画面から相手をタップすることで、メッセージの送信が行えます。

タップする

Section **29**

Gmailを利用する

Application

M

本体にGoogleアカウントを登録しておけば（Sec.12参照）、すぐにGmailを利用することができます。パソコンでラベルや振分け設定を行うことで、より便利に利用できます。

受信したメールを閲覧する

1 ホーム画面で［Google］をタップし、［Gmail］をタップします。「Gmailの新機能」画面が表示された場合は、［OK］→［GMAILに移動］→［許可］→［OK］の順にタップします。

2 「受信トレイ」画面が表示されます。画面を上方向にスライドして、読みたいメールをタップします。

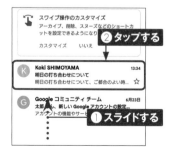

3 メールの差出人やメール受信日時、メール内容が表示されます。画面左上の←をタップすると、受信トレイに戻ります。なお、↩をタップすると、返信することもできます。

MEMO Googleアカウントの設定

Gmailを使用する前に、Sec.12の方法であらかじめ本体に自分のGoogleアカウントを設定しましょう。P.37手順⑮の画面で「Gmail」をオンにしておくと、Gmailも自動的に同期されます。すでにGmailを使用している場合は、受信トレイの内容がそのまま表示されます。

メールを送信する

① P.88を参考に［受信トレイ］または［メイン］などの画面を表示して、［作成］をタップします。

② メールの「作成」画面が表示されます。［To］をタップして、メールアドレスを入力します。「ドコモ電話帳」アプリ内の連絡先であれば、表示される候補をタップします。

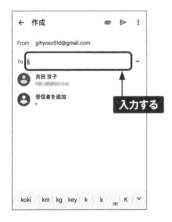

③ 件名とメールの内容を入力し、▷をタップすると、メールが送信されます。

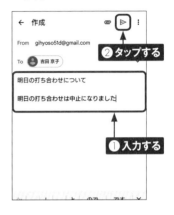

MEMO メニューの表示

［Gmail］の画面を左端から右方向にフリックすると、メニューが表示されます。メニューでは、ラベルを表示したり、送信済みメールを表示したりできます。なお、ラベルの作成や振分け設定は、パソコンのWebブラウザで「https://mail.google.com/」にアクセスして行います。

Yahoo!メール・PCメールを設定する

Application

「Gmail」アプリを利用すれば、パソコンで使用しているメールを送受信することができます。ここでは、Yahoo!メールの設定方法と、PCメールの追加方法を解説します。

Yahoo!メールを設定する

1 あらかじめYahoo!メールのアカウント情報を準備しておきます。「Gmail」アプリの画面で画面左端から右方向にフリックし、[設定] をタップします。

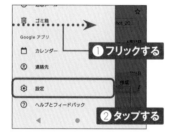

① フリックする
② タップする

2 [アカウントを追加する] をタップします。

タップする

3 [Yahoo] をタップします。

タップする

4 Yahoo!メールのメールアドレスを入力して、[続ける] をタップし、画面の指示に従って設定します。

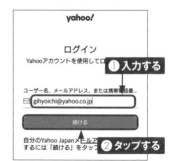

① 入力する
② タップする

PCメールを設定する

① P.90手順③の画面で [その他] をタップします。

② PCメールのメールアドレスを入力して、[次へ] をタップします。

③ アカウントの種類を選択します。ここでは、[個人用 (POP3)] をタップします。

④ パスワードを入力して、[次へ] をタップします。

(5) プロバイダーの契約書などを確認し、受信サーバーを入力して、[次へ]をタップします。

(6) 送信サーバーを入力して、[次へ]をタップします。

(7) 「アカウントのオプション」画面が設定されます。[次へ]をタップします。

(8) アカウントの設定が完了します。[次へ]をタップすると、P.90手順②の画面に戻ります。

MEMO アカウントの表示切り替え

設定したアカウントに表示を切り替えるには、「メイン」画面で右上のアイコンをタップし、表示したいアカウントをタップします。

Googleのサービスを
使いこなす

Google Playで
アプリを検索する

Application

Google Playに公開されているアプリをインストールすることで、さまざまな機能を利用することができます。まずは、目的のアプリを探す方法を解説します。

■ アプリを検索する

1 Google Playを利用するには、ホーム画面で [Playストア] をタップします。Google Pointsについての説明が表示されたら、[後で] をタップします。

タップする

2 「Playストア」アプリが起動するので、[アプリ] をタップし、[カテゴリ] をタップします。

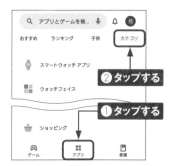

Q アプリとゲームを検...
おすすめ　ランキング　子供　カテゴリ

スマートウォッチ アプリ
ウォッチフェイス

②タップする

ショッピング

ゲーム　アプリ　書籍

①タップする

3 アプリのカテゴリが表示されます。画面を上下にスライドします。

おすすめ　ランキング　子供　カテゴリ

スマートウォッチ アプリ
ウォッチフェイス
Google Cast
アート&デザイン
イベント

スライドする

4 見たいジャンル（ここでは [ビジネス]）をタップします。

ソーシャルネットワーク
ツール
ニュース&雑誌　タップする
ビジネス
ファイナンス
フード&ドリンク

⑤ 「ビジネス」のアプリが表示されます。上方向にスライドし、ここでは、「人気のビジネスアプリ（無料）」の→をタップします。

⑥ 「無料」のアプリが一覧で表示されます。詳細を確認したいアプリをタップします。なお、[無料] をタップすると「売上」や「有料」のアプリのランキングに切り替えることができます。

⑦ アプリの詳細な情報が表示されます。人気のアプリでは、ユーザーレビューも読めます。

MEMO キーワードでの検索

Google Playでは、キーワードからアプリを検索できます。検索機能を利用するには、P.94手順②の画面で画面上部の検索ボックスをタップし、キーワードを入力して、キーボードの🔍をタップします。

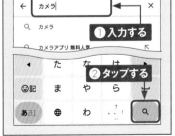

4

95

アプリをインストール・アンインストールする

Application

Google Playで目的の無料アプリを見つけたら、インストールしてみましょう。なお、不要になったアプリは、Google Playからアンインストール（削除）できます。

アプリをインストールする

(1) Google Playでアプリの詳細画面を表示し（P.95手順⑥〜⑦参照）、［インストール］をタップします。

(2) 初回は「アカウント設定の完了」画面が表示されるので、［次へ］をタップします。支払い方法の選択では［スキップ］をタップします。

(3) アプリのインストールが行われます。アプリを起動するには、［開く］をタップするか、ホーム画面に追加されたアイコンをタップします。

MEMO 有料アプリの購入

有料アプリを購入する場合は、手順①の画面で価格が表示されたボタンをタップします。その後、［NTT DOCOMO払いを追加］をタップして通話料金と一緒に支払ったり、［カードを追加］をタップしてクレジットカードで支払ったり、［コードの利用］をタップしてコンビニなどで販売されている「Google Playギフトカード」で支払ったりすることができます。

■ アプリをアップデート（更新）／アンインストールする

●アップデート（更新）する

1 Google Playのトップページで🔵をタップし、[アプリとデバイスの管理]（または [マイアプリ&ゲーム]）をタップします。

2 アップデートがある場合は、「アップデート利用可能」と表示されます。[すべて更新]をタップすると、アプリを一括でアップデートできます。[詳細を表示]をタップすると、アップデート可能なアプリを一覧で確認できます。

●アンインストールする

1 「アプリとデバイスの管理」画面で [管理]をタップし、アンインストールしたいアプリをタップします。

2 アプリの詳細が表示されます。[アンインストール]をタップし、[OK]をタップするとアンインストールされます。このとき、削除理由のアンケートが表示される場合があります。

4

MEMO **ドコモのアプリのアップデートとアンインストール**

NTTドコモで提供されているアプリは、上記の方法ではアップデートやアンインストールが行えないことがあります。その場合は、P.117を参照してください。

Googleマップを
使いこなす

Application

Googleマップを利用すれば、自分の今いる場所や、現在地から
目的地までの道順を地図上に表示できます。なお、Googleマップ
のバージョンによっては、本書と表示内容が異なる場合があります。

「マップ」アプリを利用する準備を行う

1 P.18を参考に「設定」アプリを
起動して、[位置情報] をタップ
します。

2 「位置情報を使用」が ⬤ の場
合はタップして ⬤ にします。位置
情報についての同意画面が表示
されたら、[同意する] をタップし
ます。

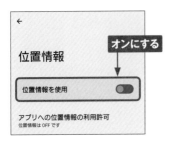

3 ⬤ に切り替わったら、[位置情報
サービス] → [Googleロケーショ
ン履歴] の順にタップします。

4 「ロケーション履歴」がオフの場
合は、[オンにする] をタップしま
す。

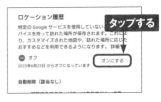

5 [オンにする] → [OK] の順にタッ
プすると、ロケーション履歴がオ
ンになります。

現在地を表示する

1 ホーム画面で［Google］フォルダをタップして、［マップ］をタップします。「マップ」アプリが起動したら◎をタップします。

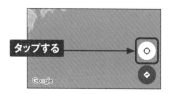

タップする

2 ［正確］か［おおよそ］をタップして（ここでは［正確］）、［アプリの使用時のみ］をタップします。これで「マップ」アプリが使えるようになります。

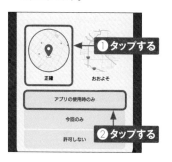

① タップする

正確　おおよそ

アプリの使用時のみ

今回のみ

許可しない

② タップする

3 地図の拡大はピンチアウト、縮小はピンチインで行います。スライドすると表示位置を移動できます。

ここで検索

ピンチアウト／ピンチインする

スライドする

4 ◉をタップすると、現在地が表示されます。

タップする

MEMO　**位置情報の精度を変更**

P.98手順③の画面で［Google位置情報の精度］をタップすると、「位置情報の精度を改善」で、位置情報の精度を変更ができます。●にすると、収集された位置情報を活用することで、位置情報の精度を改善することができます。

←

Google 位置情報の精度

位置情報の精度を改善

ⓘ

Google の位置情報サービスでは、Wi-Fi、モバイル

4

目的地までのルートを検索する

1 P.99手順④の画面で⦿をタップし、移動手段（ここでは🚃）をタップして、［目的地を入力］をタップします。出発地を現在地から変えたい場合は、［現在地］をタップして変更します。

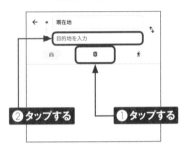

② タップする　① タップする

2 目的地を入力し、検索結果の候補から目的の場所をタップします。

① 入力する　② タップする

3 ルートが一覧表示されます。利用したい経路をタップします。

タップする

4 目的地までのルートが地図で表示されます。画面下部を上方向へフリックします。

フリックする

5 ルートの詳細が表示されます。下方向へフリックすると、手順④の画面に戻ります。◀を何度かタップすると、地図に戻ります。

フリックする

MEMO　ナビの利用

「マップ」アプリには、「ナビ」機能が搭載されています。手順⑤に表示される［ナビ開始］をタップすると、「ナビ」が起動します。現在地から目的地までのルートを音声ガイダンス付きで案内してくれます。

周辺の施設を検索する

1 P.99手順④を参考に現在地を表示し、検索ボックスをタップします。

2 探したい施設を入力し、🔍 をタップします。

3 該当するスポットが一覧で表示されます。上下にスライドして、気になるスポット名をタップします。

4 選択した施設の情報が表示されます。上下にスライドすると、より詳細な情報を表示できます。

Googleアシスタントを利用する

Xperia 1 Vでは、Googleの音声アシスタントサービス「Google
アシスタント」を利用できます。キーワードによる検索やXperia 1
Vの設定変更など、音声でさまざまな操作をすることができます。

Googleアシスタントを利用する

1 電源キーを長押しするか、◯をロ
ングタッチします。

ロングタッチする

2 Googleアシスタントの開始画面
が表示され、Googleアシスタント
が利用できるようになります。

「1カップは何cc？」

「Hey Google」の設定

MEMO Googleアシスタントから利用できないアプリ

Googleアシスタントで「○○さんにメールして」と話しかけると、「Gmail」
アプリ（P.88参照）が起動するため、ドコモの「ドコモメール」アプリ（P.72
参照）は利用できません。GoogleアシスタントではGoogleのアプリが優先さ
れるので、ドコモなどの一部のアプリはGoogleアシスタントからは利用できな
いことがあります。

■ Googleアシスタントへの問いかけ例

Googleアシスタントを利用すると、キーワードによる検索だけでなく予定やリマインダーの設定、電話やメールの発信など、さまざまなことがXperia 1 Vに話しかけるだけで行えます。まずは、「何ができる?」と聞いてみましょう。

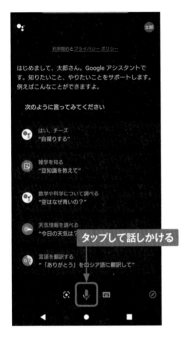

●調べ物

「東京スカイツリーの高さは?」
「大谷翔平の身長は?」

●スポーツ

「ワールドカップの試合はいつ?」
「セントラルリーグの順位表は?」

●経路案内

「最寄りの駅までナビして」

●楽しいこと

「パンダの鳴き声を教えて」
「コインを投げて」

●設定

「アラームを設定して」

 MEMO 音声でGoogleアシスタントを起動

自分の音声を登録すると、Xperia 1 Vの起動中に「OK Google (オーケーグーグル)」もしくは「Hey Google (ヘイグーグル)」と発声して、すぐにGoogleアシスタントを使うことができます。P.18を参考に「設定」アプリを起動し、[Google] → [Googleアプリの設定] → [検索、アシスタントと音声] → [Googleアシスタント] → [OK GoogleとVoice Match] → [Hey Google] の順にタップして有効にし、画面に従って音声を登録します。

紛失したXperia 1 Vを探す

Application

Xperia 1 Vを紛失してしまっても、パソコンからXperia 1 Vがある場所を確認できます。この機能を利用するには事前に「位置情報を使用」を有効にしておく必要があります（P.98参照）。

「デバイスを探す」を設定する

1 P.18を参考にアプリ一覧画面を表示し、[設定] をタップします。

2 [セキュリティ] をタップします。

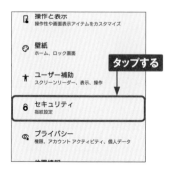

3 [デバイスを探す] をタップします。

4 ⬤の場合は [[デバイスを探す]を使用] をタップして⬤にします。

■ パソコンでXperia 1 Vを探す

① パソコンのWebブラウザでGoogleの「Googleデバイスを探す」(https://android.com/find)にアクセスします。

入力してアクセスする

② ログイン画面が表示されたら、Sec.12で設定したGoogleアカウントを入力し、[次へ] をクリックします。パスワードの入力を求められたらパスワードを入力し、[次へ] をクリックします。

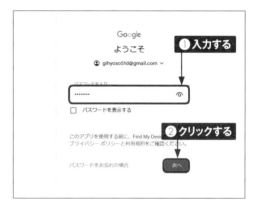

Google
ようこそ
① 入力する
@ gihyoso5td@gmail.com ∨

パスワードを入力
.... ⊚
□ パスワードを表示する

このアプリを使用する前に、Find My Device
プライバシー ポリシーと利用規約をご確認ください。
② クリックする
パスワードをお忘れの場合 次へ

③ 「Googleデバイスを探す」画面で [同意する] をクリックすると、地図でXperia 1 Vのおおまかな位置が表示されます。画面左の項目をクリックすると、音を鳴らしたり、ロックをかけたり、Xperia 1 V内のデータを初期化したりできます。

Googleデバイスを探す

Sony Xperia 1 V ⓘ
最終検知: たった今
♥ ISC2113
🔋 100%

◻ 音を鳴らす >
デバイスがマナーモードになっている場合でも、着信音を5分間鳴らします。

🔒 デバイスを保護 >
デバイスをロックし、Google アカウントからログアウトします。ロック画面にメッセージや電話番号を表示することもできます。ロック後もデバイスの位置を特定できます。
クリックする
ログインが必要になることもあります。

🗑 デバイスデータを消去 >
デバイスのデータをすべて完全に消去します。消去後はデバイスの位置を特定できなくなります。

YouTubeで
世界中の動画を楽しむ

Application

世界最大の動画共有サイトであるYouTubeでは、さまざまな動画を検索して視聴することができます。横向きでの全画面表示や、一時停止、再生速度の変更なども行えます。

YouTubeの動画を検索して視聴する

1 ホーム画面で [Google] フォルダをタップして、[YouTube] をタップします。

2 YouTube Premiumに関する画面が表示された場合は、右上の「×」をタップします。YouTubeのトップページが表示されるので、Q をタップします。

3 検索したいキーワード（ここでは「東京国立博物館」）を入力して、Q をタップします。

4 検索結果一覧の中から、視聴したい動画のサムネイルをタップします。

5 動画の再生が始まります。画面をタップします。

タップする

6 メニューが表示されます。■をタップすると一時停止します。■をタップすると横向きの全画面表示になります。∨をタップします。

タップして全画面表示

タップして一時停止

タップする

7 再生画面が画面下にウィンドウ化して表示され、動画を視聴しながら別の動画をタップして選択できます。再生を終了するには、◀を何度かタップしてアプリを終了します。

タップする

ウィンドウ化されて再生される

何度かタップして終了する

■ YouTubeの操作（全画面表示の場合）

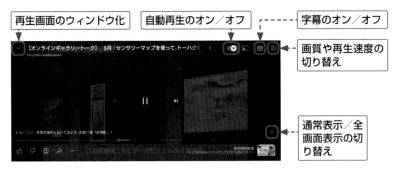

再生画面のウィンドウ化

自動再生のオン/オフ

字幕のオン/オフ

画質や再生速度の切り替え

通常表示/全画面表示の切り替え

MEMO そのほかのGoogleサービスアプリ

本章で紹介したもの以外にも、たくさんのGoogleサービスのアプリが公開されています。無料で利用できるものも多いので、Google Playからインストールして試してみてください。

Google翻訳

100種類以上の言語に対応した翻訳アプリ。音声入力やカメラで撮影した写真の翻訳も可能。

Google Meet

無料版では最大100名で60分までのビデオ会議が行えるアプリ。「Gmail」アプリからも利用可能。

Googleドライブ

無料で15GBの容量が利用できるオンラインストレージアプリ。ファイルの保存・共有・編集ができる。

Googleカレンダー

Web上のGoogleカレンダーと同期し、同じ内容を閲覧・編集できるカレンダーアプリ。

ドコモのサービスを
使いこなす

dメニューを利用する

Application

Xperia 1 Vでは、NTTドコモのポータルサイト「dメニュー」を利用できます。dメニューでは、ドコモのさまざまなサービスにアクセスしたり、Webページやアプリを探したりすることができます。

■ メニューリストからWebページを探す

(1) ホーム画面で［dメニュー］をタップします。「dメニューお知らせ設定」画面が表示された場合は、［OK］をタップします。

タップする

(2) 「Chrome」アプリが起動し、dメニューが表示されます。画面左上の≡をタップします。

タップする

(3) ［メニューリスト］をタップします。

会員情報の確認・編集
dポイント利用者情報・配送先情報

決済サービスご利用明細／
d払いのdポイント利用設定
iモード決済・払い

dmenu

お知らせ

ニュース

天気　　　　　　タップする

災害情報

乗換／運行情報

メニューリスト

マイメニュー

設定(地域・占い・きせかえ等)

My docomo (お客様サポート)

MEMO dメニューとは

dメニューは、ドコモのスマートフォン向けのポータルサイトです。ドコモおすすめのアプリやサービスなどをかんたんに検索したり、利用料金の確認などができる「My docomo」(Sec.39参照)にアクセスしたりできます。

④ 画面を上方向にスクロールし、閲覧したいWebページのジャンルをタップします。

⑤ 一覧から、閲覧したいWebページのタイトルをタップします。アクセス許可が表示された場合は、[許可]をタップします。

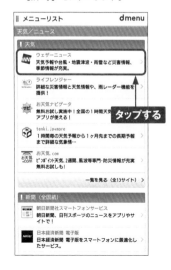

⑥ 目的のWebページが表示されます。◀ を何回かタップすると一覧に戻ります。

MEMO　マイメニューの利用

P.110手順③で[マイメニュー]をタップしてdアカウントでログインすると、「マイメニュー」画面が表示されます。登録したアプリやサービスの継続課金一覧、dメニューから登録したサービスやアプリを確認できます。

Application

my daiz

my daizを利用する

「my daiz」は、話しかけるだけで情報を教えてくれたり、ユーザーの行動に基づいた情報を自動で通知してくれたりするサービスです。使い込めば使い込むほど、さまざまな情報を提供してくれます。

my daizの機能

my daizは、登録した場所やプロフィールに基づいた情報を表示してくれるサービスです。有料版を使用すれば、ホーム画面のmy daizのアイコンが先読みして教えてくれるようになります。また、直接my daizと会話して質問したり本体の設定を変更したりすることもできます。

●アプリで情報を見る

「my daiz」アプリで「NOW」タブを表示すると、道路の渋滞情報を教えてくれたり、帰宅時間に雨が降りそうな場合に傘を持っていくよう提案してくれたりなど、ユーザーの登録した内容と行動に基づいた情報が先読みして表示されます。

●my daizと会話する

「my daiz」アプリを起動して「マイデイズ」と話しかけると、対話画面が表示されます。マイクアイコンをタップして話しかけたり、文字を入力したりすることで、天気予報の確認や調べ物、アラームやタイマーなどの設定ができます。

■ my daizを利用できるようにする

(1) ロック画面でマチキャラをタップします。

(2) 初回起動時は機能の説明画面が表示されます。[はじめる]→[次へ]の順にタップし、[アプリの使用時のみ]をタップし、[許可]を数回タップします。さらに、画面の指示に従って進めます。

(3) 初回は利用規約が表示されるので、上方向にスライドして「上記事項に同意する」のチェックボックスをタップしてチェックを付け、[同意する]→[あとで設定]の順にタップします。

(4) 「my daiz」が起動します。≡をタップしてメニューを表示し、[設定]をタップします。

(5) [プロフィール]をタップしてdアカウントのパスワードを入力すると、さまざまな項目の設定画面が表示されます。未設定の項目は設定を済ませましょう。

(6) 手順④の画面で[設定]→[コンテンツ・機能]をタップすると、ジャンル別にカードの表示や詳細を設定できます。

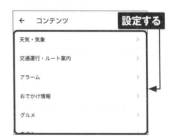

My docomoを
利用する

Application

My docomo

「My docomo」アプリでは、契約内容の確認・変更などのサービスが利用できます。利用の際には、dアカウントのパスワードやネットワーク暗証番号（P.38参照）が必要です。

契約情報を確認・変更する

1 ホーム画面で [My docomo] を
タップします。表示されていない
場合は、P.117を参考にアップ
デートを行います。インストールや
アップデート、各種許可の画面
が表示されたら、画面の指示に
従って設定します。

タップする

2 [規約に同意して利用を開始] を
タップします。

3 [dアカウントでログイン] をタップ
します。

4 dアカウントのIDを入力し、[次へ]
をタップします。

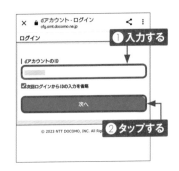

5 パスワードを入力し、[ログイン]をタップして、[OK]と[許可]をタップします。

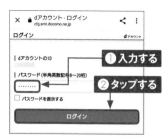

6 「パスワードロック機能の設定」画面が表示されたら、ここでは、[今はしない]をタップします。

7 「My docomo」アプリのホーム画面が表示され、データ通信量や利用料金が確認できます。[ご契約内容]をタップすると現在の契約プランや利用中のサービスが表示されます。

8 契約内容を変更したい場合は、[お手続き] → [契約プラン/料金プラン変更] → [お手続きをする]の順にタップします。ネットワーク暗証番号を聞かれた場合は入力して進みます。

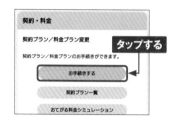

9 割り引きサービスや有料オプションなどの契約状況はそれぞれのカテゴリから確認できます。ここでは、[オプション]をタップします。

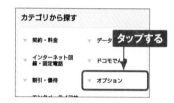

10 有料オプションサービスの契約状況が表示されます。契約したいサービスの[お手続きをする]をタップして、進みます。

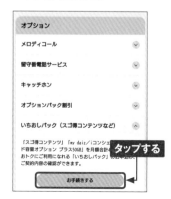

(11) 画面を上方向にスクロールして
[注意事項・利用規約]のリンク
をクリックし、内容を確認します。
確認し終わったら上にスクロール
し、[閉じる]をタップします。

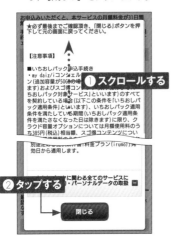

① スクロールする

② タップする → 閉じる

(12) 「お手続き内容確認」にチェック
が付いていることを確認して、画
面を上方向にスクロールします。

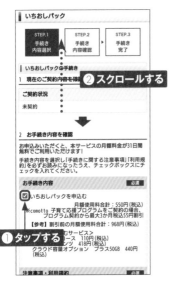

② スクロールする

① タップする

(13) 受付確認メールの送信先をタップ
して選択し、[次へ]をタップしま
す。

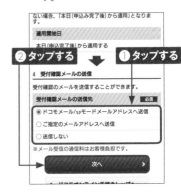

② タップする ← ① タップする

(14) 確認画面が表示されるので、[は
い]をタップします。

タップする

(15) [手続き内容確認]画面が表示
されます。上にスクロールし、内
容を確認して、[手続きを完了す
る]をタップすると、手続きが完
了します。

① スクロールする

② タップする

5

ドコモのアプリを
アップデートする

Application

ドコモから提供されているアプリの一部は、Google Playではアップデートできない場合があります（P.97参照）。ここでは、「設定」アプリからドコモアプリをアップデートする方法を解説します。

ドコモのアプリをアップデートする

1 P.18を参考に「設定」アプリを起動して、[ドコモのサービス/クラウド] → [ドコモアプリ管理]の順にタップします。

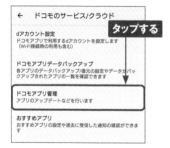

← ドコモのサービス/クラウド

タップする

dアカウント設定
ドコモアプリで利用するdアカウントを設定します
（Wi-Fi接続時の利用も含む）

ドコモアプリデータバックアップ
各アプリのデータバックアップ/復元の設定やデータがバックアップされたアプリの一覧を確認できます

ドコモアプリ管理
アプリのアップデートなどを行います

おすすめアプリ
おすすめアプリの設定や過去に受信した通知の確認ができます

2 パスワードを求められたら、パスワードを入力して [OK] をタップします。アップデートできるドコモアプリの一覧が表示されるので、[すべてアップデート] をタップします。

← ドコモアプリ管理

アップデート　契約中サービス　再インストー

＋ すべてアップデート

Disney DX
ウォルト・ディズニー・ジャパン株式会社

タップする

d払いースマホ決済アプリ、
NTT DOCOMO

3 それぞれのアプリで「ご確認」画面が表示されたら、[同意する]をタップします。

・電話番号、端末固有ID、端末識別ID
・アルバム名　　　**タップする**
・端末内の写真、端末内の動画
・端末内の写真および端末内の動画に付随する情報

同意しない　同意する

4 [複数アプリのダウンロード] 画面が表示されたら、[今すぐ] をタップします。アプリのアップデートが開始されます。

複数アプリのダウンロード

アプリサイズ：498.85MB
データ通信量が発生する可能性があります　**タップする**

□ 今後この確認を表示しない

Wi-Fi接続時　今すぐ

MEMO ドコモアプリの アンインストール

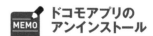

ドコモのアプリをアンインストールしたい場合は、P.153を参考にホーム画面でアイコンをロングタッチし、[アプリ情報] → [アンインストール] をタップします。

5

d払いを利用する

Application

d払い
●●●

「d払い」は、NTTドコモが提供するキャッシュレス決済サービスです。お店でバーコードを見せるだけでスマホ決済を利用できるほか、Amazonなどのネットショップの支払いにも利用できます。

d払いとは

「d払い」は、以前からあった「ドコモケータイ払い」を拡張して、ドコモ回線ユーザー以外も利用できるようにした決済サービスです。ドコモユーザーの場合、支払い方法に電話料金合算払いを選べ、より便利に使えます（他キャリアユーザーはクレジットカードが必要）。

「d払い」アプリでは、バーコードを見せるか読み取ることで、キャッシュレス決済が可能です。支払い方法は、電話料金合算払い、d払い残高（ドコモ口座）、クレジットカードから選べるほか、dポイントを使うこともできます。

画面下部の［クーポン］をタップすると、クーポンの情報が一覧表示されます。ポイント還元のキャンペーンはエントリー操作が必須のものが多いので、こまめにチェックしましょう。

◼ d払いの初期設定を行う

(1) Wi-Fiに接続している場合はSec. 68を参考にオフにしてから、ホーム画面で[d払い]をタップします。アップデートが必要な場合は、[アップデート]をタップして、アップデートします。

タップする

(2) サービス紹介画面で[次へ]をタップして読み、[はじめる] → [OK] → [アプリの使用時のみ]をタップします。

ドコモ回線を契約していない方でも
チャージまたはクレカ登録でつかえる!

クレジット
カード
ケータイ
チャージ

タップする

はじめる

(3) 「ご利用規約」画面をよく読み、[同意して次へ]をタップします。

CRM）につきましてはドコモからのメッセージのみ通知を受け取ることが可能です。ドコモからのメッセージの通知が不要のお客さまは、メッセージBOX内で「メッセージを受け取らない」を選択することで通知を受けられなくなります。
・ 本アプリケーションでは、お客さまが払いで決済した商品等の情報（注文情報、商品等の説明など）をスーパー画引プログラムにおけるメッセージ（CRM）においてレシートメッセージとして受け取ること

タップする

加盟店・メーカー等からの商品等の情報（お得な施設の情報など）やキャンペーンの案内などをメッセージBOX内にて配信いたしますが、「メッセージを受け取らない」のチェックボックスを外すと、施記メッセージを受け取られなくなります（アプリ上のプッシュ通知

同意して次へ

(4) 「暗証番号確認」画面で、ネットワーク暗証番号を入力し、[暗証番号確認]をタップし、[次へ]や[許可]をタップし、[さあ、d払いをはじめよう!]をタップすると、利用設定が完了します。

暗証番号確認   dアカウント

| 携帯電話番号
*******0651
| ネットワーク暗証番号（半角数字4桁）
....   ①入力する

暗証番号確認

②タップする   アカウントでログイン

MEMO dポイントカード

「d払い」アプリの画面右下の[dポイントカード]をタップすると、モバイルdポイントカードのバーコードを表示できます。dポイントカードが使える店では、支払い前にdポイントカードを見せて、d払いで支払うことで、二重にdポイントを貯めることができます。

5

ドコモデータコピーを利用する

Application

ドコモデータコピーでは、電話帳やスケジュールなどのデータをmicroSDカードに保存できます。データが不意に消えてしまったときや、機種変更するときにすぐにデータを戻すことができます。

ドコモデータコピーでデータをバックアップする

1 あらかじめmicroSDカードを挿入しておき、P.18を参考にアプリ一覧画面で [データコピー] をタップします。表示されていない場合は、P.117を参考にアプリをアップデートします。

2 初回起動時に「ドコモデータコピー」画面が表示された場合は、[規約に同意して利用を開始] をタップします。

2台のスマホを並べ
ワイヤレスで簡単データ移行

タップする

規約を表示

規約に同意して利用を開始

3 「ドコモデータコピー」画面で [バックアップ&復元] をタップします。

タップする

□・□ データ移行 >

⇄ バックアップ&復元 >

? ご利用の前に

4 「アクセス許可」画面が表示されたら [スタート] をタップし、[許可]を数回タップして進みます。

次に表示される確認画面で、アクセスを許可してください

ドコモデータコピーに
連絡先へのアクセスを
許可しますか？

許可しない　許可

＊すべての機能をご利用いただくには、すべての確認画面でアクセスを許可いただく必要があります

タップする

スタート

(5) [設定] をタップします。

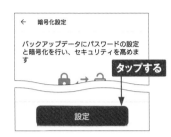

(6) [バックアップ] をタップします。

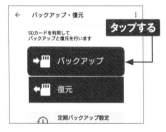

(7) 「バックアップ設定」画面でバックアップする項目をタップしてチェックを付け、[バックアップ開始] をタップします。

(8) 「確認」画面で [開始する] をタップします。

(9) バックアップが完了したら、[トップに戻る] をタップします。

■ ドコモデータコピーでデータを復元する

1 P.121手順⑥の画面で [復元] をタップします。

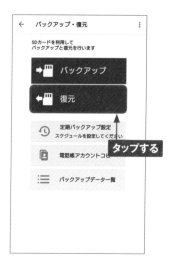

2 復元するデータをタップしてチェックを付け、[次へ] をタップします。

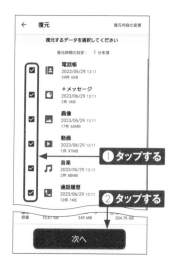

3 [復元開始] をタップします。

4 「確認」画面が表示されるので、[開始する] をタップすると、データが復元されます。

Chapter

6

音楽や写真・動画を楽しむ

パソコンから音楽・写真・動画を取り込む

Application

Xperia 1 VはUSB Type-Cケーブルでパソコンと接続して、本体メモリやmicroSDカードに各種ファイルを転送することができます。お気に入りの音楽や写真、動画を取り込みましょう。

パソコンとXperia 1 Vを接続する

1 パソコンとXperia 1 VをUSB Type-Cケーブルで接続します。パソコンでドライバーソフトのインストール画面が表示された場合はインストール完了まで待ちます。Xperia 1 Vのステータスバーを下方向にドラッグします。

2 [このデバイスをUSBで充電中]をタップします。

3 「USBの設定」画面が表示されるので、[ファイル転送]をタップします。

4 [許可]をタップすると、パソコンからXperia 1 Vにデータを転送できるようになります。

パソコンからファイルを転送する

(1) パソコンでエクスプローラーを開き、「PC」にある [SO-51D] をクリックします。

クリックする

(2) [内部共有ストレージ] をダブルクリックします。microSDカードをXperia 1 Vに挿入している場合は、「SDカード」と「内部共有ストレージ」が表示されます。

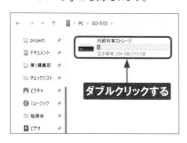

ダブルクリックする

(3) Xperia 1 V内のフォルダやファイルが表示されます。

表示される

(4) パソコンからコピーしたいファイルやフォルダをドラッグします。ここでは、音楽ファイルが入っている「音楽」というフォルダを「Music」フォルダにコピーします。

ドラッグする

(5) コピーが完了したら、パソコンからUSB Type-Cケーブルを外します。画面はコピーしたファイルをXperia 1 Vの「ミュージック」アプリで表示したところです。

Application

音楽を聴く

本体内に転送した音楽ファイル（P.125参照）は「ミュージック」アプリで再生することができます。ここでは、「ミュージック」アプリでの再生方法を紹介します。

音楽ファイルを再生する

① アプリ一覧画面で［Sony］フォルダをタップして、［ミュージック］をタップします。初回起動時は、［許可］をタップします。

② ホーム画面が表示されます。画面左上の≡をタップします。

③ メニューが表示されるので、ここでは［アルバム］をタップします。

④ 端末に保存されている楽曲がアルバムごとに表示されます。再生したいアルバムをタップします。

⑤ アルバム内の楽曲が表示されます。ハイレゾ音源（P.128参照）の場合は、曲名の右に「HR」と表示されています。再生したい楽曲をタップします。

⑥ 楽曲が再生され、画面下部にコントローラーが表示されます。サムネイル画像をタップすると、ミュージックプレイヤー画面が表示されます。

■ ミュージックプレイヤー画面の見方

タップすると、手順⑥の画面を表示します。 --->

<---- 楽曲情報の表示などができます。

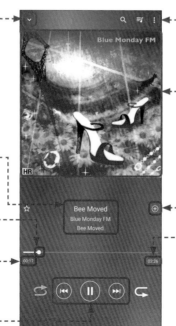

<---- アルバムアートワークがあればジャケットが表示されます。左右にスワイプすると、次曲／前曲を再生できます。

楽曲名、アーティスト名が表示されます。タップすると、次に再生する楽曲が一覧で表示されます。 ---->

左右にドラッグすると、楽曲の再生位置を調整できます。 ---->

<---- プレイリストに追加できます。

<---- 楽曲の全体時間が表示されます。

楽曲の経過時間が表示されます。 ---->

各ボタンをタップして、楽曲の再生操作を行えます。 ---->

6

Application

ハイレゾ音源を再生する

「ミュージック」アプリでは、ハイレゾ音源を再生することができます。
また、設定により、通常の音源でもハイレゾ相当の高音質で聴くことができます。

ハイレゾ音源の再生に必要なもの

Xperia 1 Vでは、本体上部のヘッドセット接続端子にハイレゾ対応のヘッドホンやイヤホンを接続したり、ハイレゾ対応のBluetoothヘッドホンを接続したりすることで、高音質なハイレゾ音楽を楽しむことができます。

ハイレゾ音源は、Google Play（P.94参照）でインストールできる「mora」アプリやインターネット上のハイレゾ音源販売サイトなどから購入することができます。ハイレゾ音源の音楽ファイルは、通常の音楽ファイルに比べてファイルサイズが大きいので、microSDカードを利用して保存するのがおすすめです。

また、ハイレゾ音源ではない音楽ファイルでも、DSEE Ultimateを有効にすることで、ハイレゾ音源に近い音質（192kHz/24bit）で聴くことが可能です（P.129参照）。

「mora」の場合、Webサイトのストアでハイレゾ音源の楽曲を購入し、「mora」アプリでダウンロードを行います。

MEMO　音楽ファイルをmicroSDカードに移動するには

本体メモリ（内部共有ストレージ）に保存した音楽ファイルをmicroSDカードに移動するには、「設定」アプリを起動して、[ストレージ] → [音声] → [続行]の順にタップします。移動したいファイルをロングタッチして選択したら、■→ [移動] → [SDカード] →転送したいフォルダ→ [ここに移動] の順にタップします。これにより、本体メモリの容量を空けることができます。

■ 通常の音源をハイレゾ音源並の高音質で聴く

(1) P.18を参考に[設定]アプリを起動して、[音設定] → [オーディオ設定]の順にタップします。

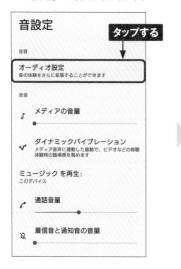

音設定

タップする

音質

オーディオ設定
音の体験をさらに拡張することができます

音量

♪ メディアの音量
　 ●

✔ ダイナミックバイブレーション
　 メディア音声に連動した振動で、ビデオなどの視聴体験時の臨場感を高めます

ミュージック を再生:
このデバイス

☎ 通話音量
　 　　●

🔕 着信音と通知音の音量
　 ●

(2) [DSEE Ultimate]をタップして、◯を●に切り替えます。

← オーディオ設定　　　　　　　Ｑ

Dolby Sound

360 Reality Audio
タップして音質を個人最適化します

360 Upmix
ソニー独自の360 **タップして切り替える**
のステレオ音源
音場として楽しめます。
詳細は360 Reality Audioをご覧ください。

DSEE Ultimate
圧縮音源をAI技術で高精度にアップスケールします

優先エフェクト
ここに登録したアプリのメディア音には、360 Upmixまたは DSEE Ultimateいずれかの をONに設定したエフェクトが、Dolby Soundより優先して適用されます。

インテリジェントウインドフィルター
OFF

ⓘ　Dolby Atmosコンテンツや360 Reality Audioコンテンツの再生中は、本画面の設定よりもコンテンツ情報を優先します。
　DSEE Ultimateは、ハイレゾコンテンツを正しく再生します。また、Dolby Soundと360 Upmix両方をOFFにしても、ハイレゾコンテンツを正しく再生できます。

6

MEMO DSEE Ultimateとは

DSEEはソニー独自の音質向上技術で、音楽や動画・ゲームの音声を、ハイレゾ音質に変換して再生することができます。MP3などの音楽のデータは44.1kHzまたは48kHz/16bitで、さらに圧縮されて音質が劣化していますが、これをAI処理により補完して192kHz/24bitのデータに拡張してくれます。DSEE Ultimateではワイヤレス再生にも対応しており、LDACに対応したBluetoothヘッドホンでも効果を体感できます。

MEMO ダイナミックバイブレーションと立体音響

Xperia 1 Vにはダイナミックバイブレーションという機能があり、音楽や動画の再生時に音に合わせて本体が振動します。手順①の画面で[ダイナミックバイブレーション]をタップすると、ON / OFFの設定が可能です。また、手順②の画面で[360 Upmix]をタップしてオンにすると、ヘッドホン限定で通常の音楽ファイルを立体音響で楽しむことができます。なお、[Dolby Sound]をオンにすると、動画やゲームなどのサウンドも立体的に鳴らすことが可能です。

「Photo Pro」で
写真や動画を撮影する

Application

Xperia 1 Vでは、「Photography Pro」（以降「Photo Pro」と
表記）アプリで写真や動画を撮影することができます。ここでは、
基本的な操作方法を解説します。

「Photo Pro」アプリを起動する

(1) ホーム画面で［Photo Pro］をタップします。本体を横向きにし、初回起動時は説明が表示されるので、［次へ］をタップし、最後に［了解］をタップします。

(2) 「撮影場所を記録しますか?」と表示されるので、記録したい場合は［はい］→［正確］→［アプリの使用時のみ］の順にタップします。

(3) ベーシックモードの撮影画面が表示されます。

■ ベーシックモードの画面の見方

①	撮影モードを変更できます（P.134〜136参照）。	⑩	ナイト撮影。暗闇でも明るく見やすい写真を撮影するかどうかを設定できます。
②	タップするとメニュー画面が表示され、保存先や位置情報の保存などを設定できます。	⑪	クリエイティブルック。6種のルックから好みのものを選択します。
③	Googleレンズを起動します（P.147参照）。	⑫	ドライブモード（連続撮影やセルフタイマー）の設定ができます。
④	パノラマやスローモーションなどの撮影方法を変更できます。	⑬	背景をボカすボケ効果が利用できます。
⑤	位置情報の保存のアイコンが表示されます。	⑭	明るさや色合いを変更できます。
⑥	カメラのレンズを切り替えたり、ズーム操作を行ったりします。	⑮	フロントカメラに切り替えます。
		⑯	シャッターボタン。「ビデオ」モードのときは、停止・一時停止ボタンが表示されます。
⑦	隠れている項目が表示されます。	⑰	「フォト」モード／「ビデオ」モードを切り替えます（P.133参照）。
⑧	縦横比を変更できます。		
⑨	フラッシュの設定ができます。	⑱	直前に撮影した写真がサムネイルで表示されます。

 本体キーを使った撮影

Xperia 1 Vは、本体のシャッターキーや音量キー／ズームキー（P.8参照）を使って撮影することができます。標準では、シャッターキーを1秒以上長押しすると、「Photo Pro」アプリがベーシックモードで起動します。音量キー／ズームキーを押してズームを調整し、シャッターキーを半押しして緑色のフォーカス枠が表示されたら、そのまま押すことで撮影できます。

ベーシックモードで写真を撮影する

(1) P.130を参考にして、「Photo Pro」アプリを起動します。ピンチイン/ピンチアウトするか、倍率表示部分をタップしてレンズを切り替えると、ズームアウト/ズームインできます。

(2) 画面をタップすると、タップした対象に追尾フォーカスが設定され、動いている被写体にピントが合い続けます。○をタップすると、写真を撮影します。

(3) 撮影が終わると、撮影した写真のサムネイルが表示されます。撮影を終了するには▼（本体が縦向きの場合は◀）をタップします。

MEMO ジオタグの有効/無効

P.130手順②で ［はい］ → ［正確］ → ［アプリの使用中のみ］ の順にタップすると、撮影した写真に自動的に撮影場所の情報（ジオタグ）が記録されます。自宅や職場など、位置を知られたくない場所で撮影する場合は、オフにしましょう。ジオタグのオン/オフは、手順①の画面で ［MENU］ をタップして、［位置情報を保存］ をタップすると変更できます。

■ ベーシックモードで動画を撮影する

(1) 「Photo Pro」ア
プリを起動し、 ■■
をタップし、 ■■ に
なるようにして、「ビ
デオ」モードに切
り替えます。

タップする

(2) レンズを切り替えて
いた場合、広角レ
ンズ（×1.0）に戻
ります。 ■をタップ
すると、動画の撮
影がはじまります。

タップする

(3) 動画の録画中は
画面左下に録画
時間が表示されま
す。また、「フォト」
モードと同様にズー
ム操作が行えま
す。 ■をタップする
と、撮影が終了し
ます。

録画時間が表示される

タップする

MEMO 動画撮影中に写真を撮るには

動画撮影中に◎をタップすると、写真を撮影する
ことができます。写真を撮影してもシャッター音
は鳴らないので、動画に音が入り込む心配はあり
ません。

タップする

■ モードを切り替えて写真を撮影する

(1) 「Photo Pro」アプリを起動し、[BASIC] をタップします。

(2) 画面左のダイヤル部分を上下にスライドし、切り替えたいモード（ここでは「P」）に合わせます。

(3) モードが切り替わります。シャッターキーを押すと撮影できます。なお、シャッターキーを半押しするとピントを合わせられます。アプリを終了するには、画面右端から左方向にスワイプして▼をタップします。

 MEMO 保存先の変更

撮影した写真や動画は標準では本体に保存されます。保存先をmicroSDカードに変更するには、ベーシックモードで [MENU] をタップし、[保存先] をタップして、[SDカード] をタップします。

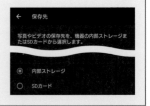

■ AUTO ／ P ／ S ／ Mモードの画面の見方

❶	撮影モード。Auto（オート）、P（プログラムオート）、S（シャッタースピード優先）、M（マニュアル露出）とMR（メモリーリコール）が選択できます（P.136参照）。	⓭	フォーカスモード。オートフォーカスの種類や、マニュアルフォーカスを選択できます（P.136参照）。
❷	設定メニューが表示されます。	⓮	フォーカスエリア。ピント合わせの位置を変更できます。
❸	ヒストグラムと水準器が表示されます。	⓯	❾で設定したEV値（露出値）が表示されます。
❹	レンズ切り替え。超広角（16mm）、広角（24mm）、望遠（85mm-125mm）が選択できます（P.137参照）。	⓰	ISO感度。ISO感度を設定できます。
		⓱	測光モード。測光方法を変更できます。
❺	直前に撮影した写真がサムネイルで表示されます。	⓲	フラッシュモード。フラッシュの発光方法を設定できます。
❻	空き容量と現在の解像度が表示されます。	⓳	クリエイティブルック。6種類のルックから好みの仕上がりを選択できます。
❼	バッテリーの容量が表示されます。	⓴	ホワイトバランス。オート(AWB)/曇天/太陽光/蛍光灯/電球/日陰に加えて、色温度とカスタムホワイトバランスをそれぞれ3つ設定できます。
❽	現在の設定（シャッタースピード／絞り値／露出値／ ISO感度）が表示されます。		
❾	▼を左右にドラッグしてEV値を設定できます（Pモードの場合。モードによって異なる）。	㉑	顔検出/瞳AFのオン／オフが設定できます。
		㉒	ナイト撮影。暗闇でも明るく見やすい写真を撮影するかどうかを選択できます。
❿	AFを有効にします。	㉓	DRO ／オートHDR。ダイナミックレンジ拡張の設定を変更できます。
⓫	露出を固定します。		
⓬	ドライブモード。「連写」「セルフタイマー」などの撮影方法を指定できます（P.137参照）。	㉔	LOCK。誤操作防止のために設定をロックできます。

撮影モード

撮影モードはベーシックモードの
ほかに、P（プログラムオート）、
S（シャッタースピード優先）、M
（マニュアル露出）、AUTOの4
つと、登録した設定で撮影する
MR（メモリーリコール）がありま
す。Mモードでは、露出（明るさ）
も自由に設定できるので、星空
や花火も撮影できます。

●各モードで操作できる露出機能

	シャッタースピード	ISO感度	EV値
Pモード	×	○	○
Sモード	○	×	○
Mモード	○	○	○
AUTO	×	×	×

フォーカスモード

フォーカスモードはAF-Cと
AF-S、MFの3つがあります。
AF-Cは、シャッターキーを半押
ししている間かAF-ONをタップし
たときに被写体にピントが合い続
け、シャッターキーを深く押すと
撮影されます。ピントが合ってい
る部分は、小さい緑の四角
（フォーカス枠）で示されます。
被写体が動くときに使用します。

AF-Sでは、シャッターキーを半
押しするか、AF-ONをタップし
たときにピントと露出が固定され
ます。被写体が動かないときに
使用するほか、ピントを固定した
まま動かすことで、構図を変更
できます。また、どちらのモード
も画面をタップすると、追尾
フォーカス枠を表示できます。

■ レンズとズーム

超広角（16mm）、広角（24mm）、望遠（85mm-125mm）の3つのレンズを切り替えて使えます。

レンズ選択時に❯をタップすると、画面を上下にドラッグしてズームすることができます。ただし、ソフトウェアで拡大処理しているため、ズームインするほど画質が劣化します。

6

■ ドライブモード

連続撮影やセルフタイマーを設定します。「連続撮影」に設定した場合は、シャッターアイコンをタッチしている間は、連続撮影できます。

 写真のファイル形式

写真のファイル形式はJPEG形式とRAW形式、RAW+JPEG形式の3種類が選択できます。RAW形式を選択すれば、未加工の状態で写真を保存することができるので、Adobe LightroomなどのRAW現像ソフトを使ってより高度な編集を行うことができます。

「Video Pro」で
本格的な動画を撮影する

本格的な撮影をしたい場合は、機動性と撮影の柔軟性を実現した
「Videography Pro」（以降「Video Pro」と表記）アプリが利用
できます。

「Video Pro」アプリで動画を撮影する

1 アプリ一覧画面で[Sony]フォルダをタップして、[Video Pro]をタップします。本体を横向きにして、アクセス許可が表示されたら、[アプリの使用時のみ]もしくは[許可]をタップします。説明画面が表示されたら、[次へ]を2回タップし、[了解]をタップします。後は画面の表示に従って進めます。

2 撮影画面が表示されます。動画を撮影する場合は、[REC]をタップします。

3 撮影が開始されます。もう一度[REC]をタップすると、撮影が終了します。アプリを終了するには、画面右端から左方向にスワイプして▼をタップします。

■ 設定を変更する

❶	シャッタースピード。1/8000-1/30の間で15段階で設定できるほか、Autoも設定できます。	❼	Lock。タップして設定項目をロックし、誤動作を防ぐことができます。
❷	ISO感度。6400-25の間で16段階で設定できるほか、Autoも設定できます。	❽	オートフォーカス(AF)とマニュアルフォーカス(MF)を切り替えます。
❸	明るさ(AE)。-2.0から+2.0の間で、0.25ごとに調整できます。	❾	ズームスライダー。スライダーをドラッグするとズーム倍率を変更できます。左側のレンズ名をタップしてレンズを変更することもできます。
❹	ホワイトバランスを設定します。タップして表示される項目から選択できます。		
❺	メインカメラとフロントカメラを切り替えます。	❿	タップするとそのほかの設定ができます(MEMO参照)。
❻	Auto。オンにすると、シャッタースピード、ISO感度、ホワイトバランスを自動調整します。	⓫	クリエイティブルックなどを設定できます。

MEMO そのほかの設定項目

■をタップして表示される「Settings」画面では、より詳細な設定を行うことができます。たとえば、[Shooting] → [Object tracking] では被写体の動きを追尾してピントをあわせ続けるかを設定できます。また、[Technical] → [Lock option] では「Lock」をオンにしたときにロックする範囲を設定できます。

■ クリエイティブルックを使う

(1) [Video Pro] をタップし、画面右上の [MENU] をタップします。

(2) メニューが表示されます。右下の [Creative look] をタップします。

(3) 6種類の設定項目からタップして、選択します（ここでは [ST] を選択）。クリエイティブルックが適用されます。

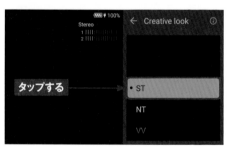

 MEMO **クリエイティブルックとは**

> クリエイティブルックとは、「Photo Pro」と「Video Pro」アプリに備わっているルック（映像や動画の見た目や印象のこと）です。撮影時に設定しておくことで自分の思うような雰囲気のある写真や映像を撮影することができるようになります。Xperia 1 Vでは、「ST」「NT」「VV」「FL」「IN」「SH」の6種類から選択が可能です。

S-Cinetone for mobileを使う

① [Video Pro] をタップし、画面右上の [MENU] をタップします。

② メニューが表示されます。[SDR/HDR] をタップします。

③ [SDR (S-Cinetone for mobile)] をタップして、選択します。S-Cinetone for mobileが適用されます。

MEMO S-Cinetone for mobileとは

S-Cinetone for mobileとは、SONY製のミラーレスカメラなどに搭載されているピクチャープロファイルと同等の機能です。まるで映画のように人をきれいに描写した映像を撮影することが可能になります。人物を撮影する際に設定することで人の肌の色感を美しく再現することができます。

■ 商品レビュー撮影に適した設定にする

① [Video Pro] をタップし、画面右上の [MENU] を
タップします。

② メニューが表示されます。右上の [2] をタップして、[Product Showcase] をタップします。

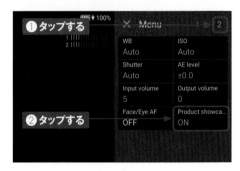

③ [ON] をタップします。商品レビュー撮影機能がオンになります。

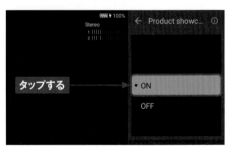

 商品レビュー撮影とは

> 商品レビュー撮影をONにすると、人の顔の追従がなくなり手前の物にピントを合わせ続けることができるようになります。YouTubeなどの動画配信サイトで商品レビュー動画を投稿する際に手元の物を映し続ける際に設定しておくと便利な機能です。

■ ストリーミングモードで配信する

① [Video Pro] をタップし、画面右上の≡をタップします。

② 上にスクロールし、[Streaming mode] をタップし、「ON」をタップします。初回時は「利用上の注意」画面が表示されるので、内容を確認しチェックボックスをタップした後、[OK] をタップします。次の [プライバシーポリシー] 画面も同様に内容を確認し、チェックボックスをタップした後、[OK] をタップします。

③ [Connect to] → [YouTube™] をタップします。

④ [YouTube™ account] をタップし、YouTubeのロゴをタップします。配信したいアカウントをタップし、[OK] をタップします。配信ボタンをタップすると配信を開始します。

MEMO ライブ配信する際に気を付けること

ライブ配信では世界中の人が視聴することが可能になります。個人を特定できる情報が映り込まないよう気を付けたり、インターネットで誰でも見ることができるということを意識しながら、十分に気を付けて配信を行う必要があります。

Section **48**

写真や動画を閲覧・編集する

Application

撮影した写真や動画は、「フォト」アプリで閲覧することができます。「フォト」アプリは、閲覧だけでなく、自動的にクラウドストレージに写真をバックアップする機能も持っています。

■ 「フォト」アプリで写真や動画を閲覧する

(1) ホーム画面で[フォト]をタップします。

タップする

(2) バックアップの設定をするか聞かれるので、ここでは[バックアップをオンにする]をタップします。

思い出を安全に保存しましょう

写真と動画は Google アカウントに安全にバックアップされます

タップする

技術太郎
gihyoso51d@gmail.com ▾

バックアップしない　　バックアップをオンにする

(3) 「バックアップオプションの選択」画面が表示されたら、下記のMEMOを参考に[保存容量の節約画質]をタップし、[確認]をタップします。

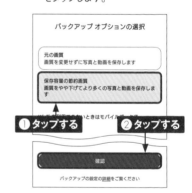

バックアップ オプションの選択

元の画質
画質を変更せずに写真と動画を保存します

保存容量の節約画質
画質をやや下げてより多くの写真と動画を保存します

①タップする　　②タップする

確認

バックアップの設定の詳細をご覧ください

MEMO 保存画質の選択

「フォト」アプリでは、Googleドライブの保存容量の上限（標準で15GB）まで写真をクラウドに保存することができます。手順③で[保存容量の節約画質]を選択すると、画像サイズが調整され小さくなります。画質も落ちますが、気にならないレベルなので、写真をたくさん保存したい場合は[保存容量の節約画質]を選択するとよいでしょう。なお、アプリを起動するタイミングによっては[保存容量の節約画質]が[高画質]と表示されている場合があります。

④ 本体内の写真や動画が表示されます。動画には右上に撮影時間が表示されています。閲覧したい写真をタップします。

⑤ 写真が表示されます。拡大したい場合は、写真をダブルタップします。また、タップすることで、メニューの表示／非表示を切り替えることができます。

ダブルタップする

⑥ 写真が拡大されました。左右にスワイプすると前後の写真が表示されます。手順④の画面に戻るときは、←をタップします。

②タップする

①スワイプする

MEMO 動画の再生

手順④の画面で動画をタップすると、動画が再生されます。再生を止めたいときなどは、動画をタップします。

6

写真を検索して閲覧する

1 P.144手順①を参考に「フォト」アプリを起動して、[検索]をタップします。

タップする

フォト　検索　共有　ライブラリ

2 [写真を検索]をタップします。

Q 写真を検索

バックアップを有効にすると、検索の効率が向上します

撮影場所

埼玉県
東京都 東京
横浜 自分の地図
神奈川県

タップする

カテゴリ

☆ お気に入り

□ スクリーンショット

⊙ 動画

クリエイティブ

✦ 保存済みのクリエイティブ

3 検索したい写真に関するキーワードや日付などを入力して、✓をタップします。

← ゾウ　　　　　　　　　　×

❶入力する

の を が に は で 、 や と ∨
も から 。 には では です
ぅ あ か
◀ た な は
☺記 ま や ら
あa1 ⊕ わ ✓

❷タップする

4 検索された写真が一覧表示されます。写真をタップすると、大きく表示されます。

← ゾウ

日曜日

Googleレンズで被写体の情報を調べる

(1) P.145手順④を参考に、情報を調べたい写真を表示し、◎をタップします。

タップする

◁　●　■

(2) 調べたい被写体をタップします。

× Google レンズ ⋮

タップする

見た目で一致

(3) 表示される枠の範囲を必要に応じてドラッグして変更すると、画面下に検索結果が表示されるので、上方向にスワイプします。

× Google レンズ ⋮

❶ドラッグして変更する

❷スワイプする

(4) 検索結果が表示されます。∨をタップすると手順③の画面に戻ります。

∨　＋ 検索に追加

タップする

ムラサキクンシラン　アガパンサス・プ　Agapanthoide
　　　　　　　　　ラエコクス

ムラサキクンシラン　　　　G 検索
植物

6

147

写真を編集する

(1) P.145手順④を参考に写真を表示して、📷をタップします。Google Oneプランについての画面が表示されたら、ここでは、×をタップします。

タップする

(3) 写真にフィルタをかける場合は、画面下のメニュー項目を左右にスクロールして、[フィルタ]を選択します。

❶スクロールする

❷選択する

(2) 写真の編集画面が表示されます。[補正]をタップすると、写真が自動で補正されます。

タップする

(4) フィルタを左右にスクロールし、かけたいフィルタ(ここでは[モデナ])をタップします。

❶スクロールする

❷タップする

6

(5) P.148手順③の画面で［調整］を選択すると、明るさやコントラストなどを調整できます。各項目の○を左右にドラッグし、［完了］をタップします。

②ドラッグする　①タップする
③タップする
明るさ　コントラスト　HDR
完了

(6) P.148手順③の画面で［切り抜き］を選択すると、写真のトリミングや角度調整が行えます。○をドラッグしてトリミングを行い、画面下部の目盛りを左右にスクロールして角度を調整します。

①ドラッグする
②スクロールする
補正　切り抜き　ツール　調整
キャンセル　保存

(7) 編集が終わったら、［保存］をタップし、［保存］もしくは［コピーとして保存］をタップします。

タップする
保存
この変更はいつでも元に戻すことができます
コピーとして保存
元の写真が変更されることはありません

6

MEMO　**そのほかの編集機能**

P.148手順③の画面で［ツール］を選択すると、背景をぼかしたり空の色を変えたりすることが可能です。また、［マークアップ］を選択すると入力したテキストや手書き文字などを書き込むことができます。

ぼかし　消しゴムマジック
補正　切り抜き　ツール　調整　フィルタ
キャンセル　保存

149

写真や動画を削除する

① P.145手順④の画面で、削除したい写真をロングタッチします。

ロングタッチする

② 写真が選択されます。このとき、日にち部分をタップするか、もしくは手順①で日付部分をロングタッチすると、同じ日に撮影した写真や動画をまとめて選択することができます。[削除]もしくは🗑をタップします。

タップする

| 共有 | 追加先 | 削除 | プリントを注文 | アー... |

送信

③ 初回はメッセージが表示されるので、[OK]をタップします。[ゴミ箱に移動]をタップします。

Google アカウントと、バックアップがオンになっている他のすべてのデバイスから削除してもよろしいですか？削除すると、Google アカウントの空き容量が 2.3 MB 増えます。

🗑 ゴミ箱に移動 ← タップする

④ 写真が削除されます。削除直後に表示される[元に戻す]をタップすると、削除がキャンセルされます。

ゴミ箱に移動しました　　元に戻す

| フォト | 検索 | 共有 | ライブラリ |

MEMO 削除した写真や動画の復元

削除した写真はいったんゴミ箱に移動し、60日後（バックアップしていない写真は30日後）に完全に削除されます。削除した写真を復元したい場合は、手順①の画面で[ライブラリ]→[ゴミ箱]をタップし、復元したい写真をロングタッチして選択し、[復元]→[復元]をタップします。

Xperia 1 Vを
使いこなす

ホーム画面を
カスタマイズする

Application

アプリ一覧画面にあるアイコンは、ホーム画面に表示することができます。ホーム画面のアイコンは任意の位置に移動したり、フォルダを作成して複数のアプリアイコンをまとめたりすることも可能です。

アプリアイコンをホーム画面に表示する

1 ホーム画面で［アプリ一覧ボタン］をタップしてアプリ一覧画面を表示します。移動したいアプリアイコンをロングタッチし、［ホーム画面に追加］をタップします。

2 アプリアイコンがホーム画面上に表示されます。

3 ホーム画面のアプリアイコンをロングタッチします。

4 ドラッグして、任意の位置に移動することができます。左右のページに移動することも可能です。

7

■ アプリアイコンをホーム画面から削除する

(1) ホーム画面から削除したいアプリ
アイコンをロングタッチします。

(2) 上のほうにドラッグすると、[削除]
が表示されるので、[削除] まで
ドラッグします。

(3) ホーム画面上からアプリアイコン
が削除されます。

MEMO アイコンの削除と
アプリのアンインストール

手順②の画面で「削除」と「ア
ンインストール」が表示される
場合、「削除」にドラッグすると
アプリアイコンが削除されます
が、「アンインストール」にドラッ
グするとアプリそのものが削除
（アンインストール）されます。

7

■ フォルダを作成する

(1) ホーム画面でフォルダに収めたいアプリアイコンをロングタッチします。

ロングタッチする

(2) 同じフォルダに収めたいアプリアイコンの上にドラッグします。

ドラッグする

(3) 確認画面が表示されるので[作成する]をタップすると、フォルダが作成されます。フォルダをタップします。

タップする

(4) フォルダが開いて、中のアプリアイコンが表示されます。フォルダ名をタップして任意の名前を入力し、✓ をタップすると、フォルダ名を変更できます。

❶入力する

❷タップする

MEMO ドックのアプリアイコンの入れ替え

ホーム画面下部にあるドックのアプリアイコンは、入れ替えることができます。ドックのアプリアイコンを任意の場所にドラッグし、かわりに配置したいアプリアイコンをドックに移動します。

ドラッグする

■ ホームアプリを変更する

(1) P.18を参考に「設定」アプリを起動し、[アプリ] → [標準のアプリ] → [ホームアプリ] の順にタップします。

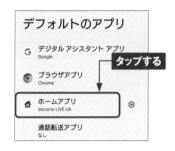

デフォルトのアプリ

G デジタル アシスタント アプリ
　Google

　　　　　　　　タップする

◉ ブラウザアプリ
　Chrome

🏠 ホームアプリ
　docomo LIVE UX　　　　　⊗

通話転送アプリ
なし

(2) 好みのホームアプリをタップします。ここでは [Xperiaホーム] をタップします。

デフォルトのホームアプリ

○　🏠　かんたんホーム

　　　　　　　　タップする

◉　🏠　docomo LIVE UX

○　🏠　Xperiaホーム

ⓘ

(3) ホームアプリが「Xperiaホーム」に変更されます。ホーム画面の操作が一部本書とは異なるので注意してください。なお、標準のホームアプリに戻すには、画面を上方向にスワイプして [設定] をタップし、再度手順②の画面を表示して [docomo LIVE UX] をタップします。

7

MEMO 「かんたんホーム」とは

手順②で選択できる「かんたんホーム」は、基本的な機能や設定がわかりやすくまとめられたホームアプリです。「かんたんホーム」から標準のホームアプリに戻すには、[設定] → [ホーム切替] → [OK] → [docomo LIVE UX] の順にタップします。

クイック設定ツールを利用する

設定の一部は、クイック設定ツールから行えます。使わない機能をオフにすることでバッテリーの節約になる場合もあるので、確認しておきましょう。

クイック設定ツールを利用する

(1) ステータスバーを2本指で下方向にドラッグします。

14:35

2本指でドラッグする

(2) クイック設定ツールが表示されます。アイコンをタップすることで、機能のオン/オフや設定が行えます（右のMEMO参照）。

14:34　docomo

← インターネット
ISC2113

Bluetooth
OFF

自動回転
OFF

機内モード
OFF

ール　デバイ

ブなし

位置情報
ON

ニアバイシェア

13 (67.0.B 23)

音質と画質の
メディア音な
スタンダードモード

クイック設定ツールが表示される

MEMO クイック設定ツールで管理できるおもな機能

クイック設定ツールで管理できるおもな機能は以下の通りです。タップして機能のオン/オフを切り替えることができます。

📶	インターネット機能（データ通信、Wi-Fi)] を設定、オン/オフにします。
✳	Bluetooth機能を設定、オン/オフにします。
↻	画面の自動回転をオン/オフにします。
🔔	マナーモードを設定します。
📍	位置情報機能をオン/オフにします。
🔦	背面のライトをオン/オフにします。
✈	機内モードをオン/オフにします。
🔋	STAMINAモードのオン/オフなど、バッテリーの設定を行います。
📶	Wi-Fiテザリングをオン/オフにします。
🔆	画面の明るさを調整します。

7

■ クイック設定ツールをカスタマイズする

(1) P.156を参考にクイック設定ツールを表示し、✏をタップします。

(2) アイコンを削除するには、クイック設定ツールのアイコンをロングタッチして「削除するにはここにドラッグ」までドラッグします。

(3) アイコンを追加するには、「タイルを追加するには長押ししながらドラッグ」にあるアイコンをロングタッチして、クイック設定ツールにドラッグします。

(4) アイコンの並び順を変えるには、アイコンをロングタッチして、移動したい箇所までドラッグします。

(5) ←をタップすると、カスタマイズが完了します。

ロック画面に通知が表示されないようにする

Application

メッセージなどの通知はロック画面にメッセージの一部が表示されるため、他人に見られてしまう可能性があります。設定を変更することで、ロック画面に通知を表示しないようにすることができます。

■ ロック画面に通知が表示されないようにする

① P.18を参考に「設定」アプリを起動して、[通知] をタップします。

② 上方向にスクロールします。

③ [ロック画面上の通知] をタップします。

④ [通知を表示しない] をタップすると、ロック画面に通知が表示されなくなります。

不要な通知が
表示されないようにする

通知はホーム画面やロック画面に表示されますが、アプリごとに通知のオン／オフを設定することができます。また、通知パネルから通知をロングタッチして、通知をオフにすることもできます。

■ アプリからの通知をオフにする

(1) P.18を参考に「設定」アプリを起動して、[通知] → [アプリの設定]の順にタップします。

通知 **タップする**

管理

アプリの設定
各アプリからの通知の管理

通知履歴
最近の通知とスヌーズに設定した通知を確認

会話

会話
優先度の高い会話: なし

(2) アプリの一覧が表示されます。通知をオフにしたいアプリ(ここでは[dメニュー])をタップします。

アプリの通知

新しい順 ▾

my daiz
6分前

Google
6分前
タップする

dメニュー
3時間前

ドコモメール
3時間前

(3) 選択したアプリの通知に関する設定画面が表示されるので、[○○のすべての通知]をタップします。

dメニュー **タップする**

dメニュー のすべての通知

(4) ●が●になり、「dメニュー」アプリからの通知がオフになります。なお、アプリによっては、通知がオフにできないものもあります。

dメニュー **タップする**

dメニュー のすべての通知

MEMO 通知パネルでの設定変更

P.17を参考に通知パネルを表示し、通知をオフにしたいアプリをロングタッチして、[通知をOFFにする]をタップすると、そのアプリからの通知設定が変更できます。

Section **53**

画面ロックの解除に 暜蚌番号を蚭定する

Application

画面ロックの解陀に暗蚌番号を蚭定するこずができたす。蚭定を行うず、P.11手順②の画面に [ロックダりン] が远加され、タップするず指玙認蚌や通知が無効になった状態でロックされたす。

■ 画面ロックの解陀に暗蚌番号を蚭定する

① P.18を参考に「蚭定」アプリを起動しお、[セキュリティ] → [画面のロック] の順にタップしたす。

② [ロックNo.]をタップしたす。「ロックNo.」ずは画面ロックの解陀に必芁な暗蚌番号のこずです。

③ テンキヌで4桁以䞊の数字を入力し、[次ぞ] をタップしお、次の画面でも再床同じ数字を入力し、[確認] をタップしたす。

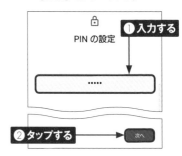

④ ロック画面での通知の衚瀺方法をタップしお遞択し、[完了] をタップするず、蚭定完了です。

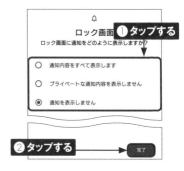

暗証番号で画面ロックを解除する

(1) スリープモード（P.10参照）の
状態で、電源キー/指紋センサー
を押します。

押す

(2) ロック画面が表示されます。画面
を上方向にスワイプします。

14:44
6月28日水曜日

スワイプする

(3) P.160手順③で設定した暗証番
号（ロックNo.）を入力して、→
をタップすると、画面ロックが解除
されます。

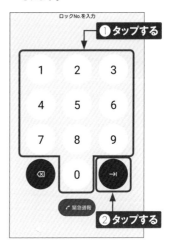

ロックNo.を入力

① タップする

1	2	3
4	5	6
7	8	9
⌫	0	→

✦ 緊急通報

② タップする

7

MEMO 暗証番号の変更

設定した暗証番号を変更するに
は、P.160手順①で[画面のロッ
ク]をタップし、現在の暗証番号
を入力して→をタップします。
表示される画面で[ロックNo.]
をタップすると、暗証番号を再設
定できます。初期状態に戻すには、
[スワイプ]→[削除]の順にタッ
プします。

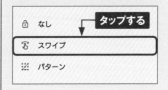

🔓	なし	タップする
🔓	スワイプ	
⚏	パターン	

画面ロックの解除に指紋認証を設定する

Application

Xperia 1 Vは電源キーに指紋センサーが搭載されています。指紋を登録することで、ロックをすばやく解除できるようになるだけでなく、セキュリティも強化することができます。

指紋を登録する

(1) P.18を参考に「設定」アプリを起動して、[セキュリティ] をタップします。

(2) [指紋設定] をタップします。

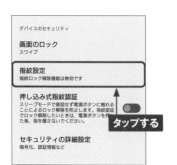

(3) 画面ロックが設定されていない場合は「画面ロックの選択」画面が表示されるので [指紋+ロックNO.] をタップして、P.160を参考に設定します。画面ロックを設定している場合は入力画面が表示されるので、解除します。

(4) 「指紋の設定」画面が表示されるので、[もっと見る] → [同意する] → [次へ] の順にタップします。

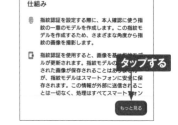

(5) いずれかの指を電源キー／指紋センサーの上に置くと、指紋の登録が始まります。画面の指示に従って、指をタッチする、離すをくり返します。

🔒
指紋の登録
同じ指で繰り返しセンサーに軽く触れ、振動したらそのたびに離してください。

ステップ1. 認証時に触れる指紋中央部を登録
ステップ2. 周辺部を登録

(6) 「指紋を追加しました」と表示されたら、[完了]をタップします。

指紋を追加しました
指紋認証は、スマートフォンのロック解除やアプリの本人確認に使用する回数が増えるにつれて、精度が向上します

他の指紋を追加　　　　　完了

タップする

(7) ロック画面を表示して、手順⑤で登録した指を電源キー／指紋センサーの上に置くと、画面ロックが解除されます。

14:52
6月28日水曜日

指を置く

MEMO Google Playで指紋認証を利用するには

Google Playで指紋認証を設定すると、アプリを購入する際に、パスワード入力のかわりに指紋認証が利用できます。指紋を設定後、Google Playで画面右上のアカウントアイコンをタップし、[設定]→[認証]→[生体認証]の順にタップして、画面の指示に従って設定してください。

ネットワーク設定
ダウンロードや自動更新用のデータ使用量　　∨

認証
指紋認証、購入時の認証方法　　∧

生体認証
このデバイスでの Google Play からの購入

購入時には認証を必要とする
このデバイスでの Google Play からのすべての購入

7

スリープモード時に
画面に情報を表示する

Application

Xperia 1 Vは、スリープモード時に画面に日時などの情報を表示できるアンビエント表示に対応しています。写真や通知、再生中の楽曲情報なども表示できます。

アンビエント表示を利用する

1 P.18を参考に [設定] アプリを起動し、[画面設定] をタップします。

Q 設定を検索

🔋 バッテリー
100%

■ ストレージ
使用済み14%・空き容量 221 GB

タップする

🔊 音設定
音量、バイブレーション、サイレントモード

🔅 画面設定
明るさのレベル、スリープ、フォントサイズ

2 [ロック画面] をタップします。

デザイン

表示サイズとテキスト

ダークモード
自動で ON にしない

タップする

ディスプレイのロック

ロック画面
時計、通知、アンビエント表示(Always-on display)

画面消灯
無操作状態で1分後に画面消灯します

画面の操作

3 [時間と情報を常に表示] をタップします。

ロック画面

アンビエント表示

時間と情報を常に表示
バッテリー使用量が増えます

通知時にスリープ状態から復帰
通知を受信したときにスリープ状態から復帰します

タップする

ロック画面

時計
ロック画面の時計をお好みのデザインに変更します

4 スリープモード時にも画面に時間と情報が表示されるようになります。

15:09
6月28日水曜日

スマートバックライトを設定する

スリープ状態になるまでの時間が短いと、突然スリープ状態になってしまって困ることがあります。スマートバックライトを設定して、手に持っている間はスリープ状態にならないようにしましょう。

■ スマートバックライトを利用する

① P.18を参考に「設定」アプリを起動し、[画面設定] をタップします。

- 🔋 バッテリー
  100%

- 💾 ストレージ
  使用済み 14%・空き容量 221 GB

  タップする

- 🔊 音設定
  音量、バイブレーション、サイレント モード

- 🔆 **画面設定**
  明るさのレベル、スリープ、フォントサイズ

- 🖵 操作と表示
  操作性や画面表示アイテムをカスタマイズ

② [スマートバックライト] をタップします。

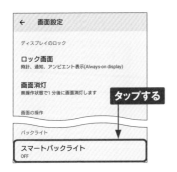

← 画面設定

ディスプレイのロック

ロック画面
時計、通知、アンビエント表示(Always-on display)

画面消灯
無操作状態で1分後に画面消灯します

タップする

画面の操作

バックライト

スマートバックライト
OFF

③ スマートバックライトの説明を確認し、[サービスの使用] をタップします。

← スマートバックライト

サービスの使用

タップする

機器を手に持って使っていることをセンサーが判別した場合にはバックライトを消灯させない機能です。たとえば手に持って写真を観賞中はタッチ操作しなくて

④ ⬤が⬤になると設定が完了します。本体を手に持っている間は、スリープ状態にならなくなります。

← スマートバックライト

サービスの使用

機器を手に持って使っていることをセンサーが判別した場合にはバックライトを消灯させない機能です。たとえば手に持って写真を観賞中はタッチ操作しなくて

7

スリープモードになるまでの時間を変更する

Application

スマートバックライトを設定していても、手に持っていない場合はスリープ状態になってしまいます。スリープモードまでの時間が短いなと思ったら、設定を変更して時間を長くしておきましょう。

■ スリープモードになるまでの時間を変更する

① P.18を参考に「設定」アプリを起動して、[画面設定] → [画面消灯] の順にタップします。

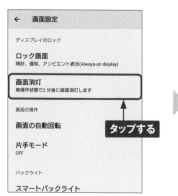

② スリープモードになるまでの時間をタップします。

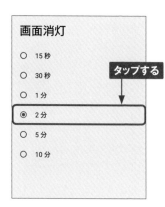

MEMO 画面消灯後のロック時間の変更

画面のロック方法がロックNo. /パターン/パスワードの場合、画面が消えてスリープモードになった後、ロックがかかるまでには時間差があります。この時間を変更するには、P.160手順①の画面を表示して、[画面ロック] の ✿ をタップし、[画面消灯後からロックまでの時間] をタップして、ロックがかかるまでの時間をタップします。

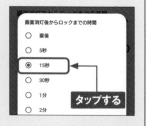

Application

画面の明るさを変更する

画面の明るさは周囲の明るさに合わせて自動で調整されますが、手動で変更することもできます。暗い場所や直射日光が当たる場所などで見にくい場合は、手動で変更してみましょう。

見やすい明るさに調節する

(1) ステータスバーを2本指で下方向にドラッグして、クイック設定パネルを表示します。

2本指でドラッグする

(2) 上部のスライダーを左右にドラッグして、画面の明るさを調節します。

ドラッグする

MEMO 明るさの自動調節のオン/オフ

P.18を参考に「設定」アプリを起動して、[画面設定] → [明るさの自動調節] をタップし、[明るさの自動調節を使用] をタップすることで、画面の明るさの自動調節のオン/オフを切り替えることができます。オフにすると、周囲の明るさに関係なく、画面は一定の明るさになります。

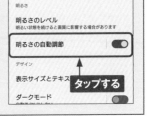

タップする

ブルーライトを
カットする

Application

Xperia 1 Vには、ブルーライトを軽減できる「ナイトライト」機能
があります。就寝時や暗い場所での操作時に目の疲れを軽減でき
ます。また、時間を指定してナイトライトを設定することも可能です。

■ 指定した時間にナイトライトを設定する

(1) P.18を参考に「設定」アプリを
起動して、[画面設定] → [ナイ
トライト] の順にタップします。

スマートバックライト
ON

タップする

ナイトライト
自動で ON にしない

(2) [ナイトライトを使用] をタップしま
す。

ナイトライトを利用すると画面が黄色みがか
り、薄明かりの下でも画面を見やすくなりま

タップする

ナイトライトを使用

(3) ナイトライトがオンになり、画面が
黄色みがかった色になります。●
を左右にドラッグして色味を調整し
たら、[スケジュール] をタップし
ます。

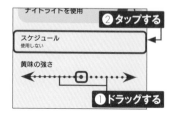

ナイトライトを使用

②タップする

スケジュール
使用しない

黄味の強さ

①ドラッグする

(4) [指定した時刻にON] をタップし
ます。[使用しない] をタップする
と、常にナイトライトがオンのまま
になります。

ナイトライトを使用

スケジュール
使用し

使用しない

黄色 指定した時刻にON

日の入りから日の出まで ON

タップする

(5) [開始時刻] と [終了時刻] をタッ
プして設定すると、指定した時間
の間は、ナイトライトがオンになり
ます。

ナイトライト

ナイトライトを利用すると画面が黄色みがかった色にな
り、薄明かりの下でも画面を見やすくなります。

ナイトライトを使用

スケジュール
指定した時刻にON

タップして設定する

開始時刻
22:00

終了時刻
6:00

Application

ダークモードを利用する

Xperia 1 Vでは、画面全体を黒を基調とした目に優しく、省電力にもなるダークモードを利用できます。ダークモードに変更すると、対応するアプリもダークモードになります。

■ ダークモードに変更する

(1) P.18を参考に「設定」アプリを起動して、[画面設定] をタップします。

- ◆ 音設定
  音量、バイブレーション、サイレント モード
- ◆ 画面設定
  明るさのレベル、スリープ、フォントサイズ
- 📱 操作と表示
  操作性や画面表示アイテムをカスタマイズ

タップする

- 🏠 壁紙
  ホーム、ロック画面
- ✦ ユーザー補助
  スクリーンリーダー、表示、操作

(2) [ダークモード] → [ダークモードを使用] の順にタップします。

←

ダークモード

タップする

ダークモードでは黒い背景を使用するため、電池が長持ちします。スケジュールを設定した場合、時刻を過ぎても画面が OFF になるまではダークモードに切り替わりません。

ダークモードを使用 ⬜

スケジュール
なし

(3) 画面全体が黒を基調とした色に変更されます。

←

ダークモード

ダークモードでは黒い背景を使用するため、一部の画面で電池が長持ちします。スケジュールを設定した場合、時刻を過ぎても画面が OFF になるまではダークモードに切り替わりません。

ダークモードを使用 ⬛

スケジュール
なし

(4) 対応するアプリもダークモードで表示されます。もとに戻すには再度手順①～②の操作を行います。

7

169

文字やアイコンの表示サイズを変更する

Application

画面の文字やアイコンが小さすぎて見にくいときは、表示サイズを変更しましょう。フォントサイズの変更（MEMO参照）と異なり、アプリのアイコンや画面のデザインも拡大表示されます。

文字やアイコンの表示サイズを変更する

(1) P.18を参考に「設定」アプリを起動して、[画面設定] → [表示サイズとテキスト] の順にタップします。

(2) 下部にあるスライダーを左右にドラッグして、サイズを変更します。表示結果は画面上部で確認できます。

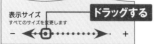

(3) 文字やアイコンなど、画面表示が全体的に拡大されます。ホーム画面などでは、アイコンの並びが変わることがあります。

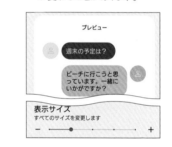

MEMO フォントサイズの変更

文字の大きさだけを変更したいときは、手順②の画面で「フォントサイズ」のスライダーを左右にドラッグして設定します。

片手で操作しやすくする

Application

Xperia 1 Vには「片手モード」という機能があります。ホームボタンをダブルタップすると、片手で操作しやすいように画面の表示が下方向にスライドされ、指が届きやすくなります。

片手モードで表示する

(1) P.18を参考に、「設定」アプリを起動し、[画面設定] → [片手モード] とタップします。

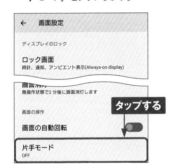

(2) [片手モードの使用] をタップして ⬤にします。

(3) ホームボタンをダブルタップすると片手モードになります。

(4) 画面が下方向にスライドされ、指が届きやすくなります。

7

171

サイドセンスで操作を快適にする

Application

Xperia 1 Vには、「サイドセンス」という機能があります。画面中央右端のサイドセンスバーをダブルタップしてメニューを表示したり、スライドしてバック操作を行ったりすることが可能です。

サイドセンスを利用する

① ホーム画面などで端にあるサイドセンスバーをダブルタップします。初回は [OK] をタップします。

ダブルタップする

② サイドセンスメニューが表示されます。上下にドラッグして位置を調節し、起動したいアプリ（ここでは [設定]）をタップします。

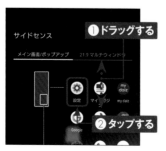

❶ドラッグする

サイドセンス

メイン画面/ポップアップ　21:9 マルチウィンドウ

❷ タップする

③ タップしたアプリが起動します。

Q 設定を検索

🔔 通知
通知履歴、会話

🔋 バッテリー
100%

💾 ストレージ
使用済み 14% - 空き容量 219 GB

🔊 音設定
音量、バイブレーション、サイレントモード

MEMO サイドセンスのそのほかの機能

手順②の画面に表示されるサイドセンスメニューには、使用状況から予測されたアプリが自動的に一覧表示されます。そのほか、サイドセンスバーを下方向にスライドするとバック操作（直前の画面に戻る操作）になり、上方向にスライドすると、マルチウィンドウメニューが表示されます。

■ サイドセンスの設定を変更する

(1) P.172の手順②の画面で🔧を
タップします。

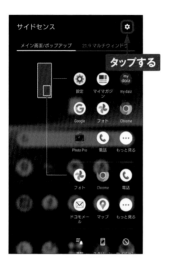

(2) [サイドセンス]の設定画面が表
示されます。画面をスクロールし
ます。

(3) [ジェスチャー操作感度]をタップ
します。

(4) ジェスチャー操作の感度を変更で
きます。

7

スクリーンショットを撮る

Application

Xperia 1 Vでは、表示中の画面をかんたんに撮影（スクリーンショット）できます。撮影できないものもありますが、重要な情報が表示されている画面は、スクリーンショットで残しておくと便利です。

■ 本体キーでスクリーンショットを撮影する

(1) 撮影したい画面を表示して、電源キーと音量キーの下側を同時に押します。

同時に押す

(2) 画面が撮影され、左下にサムネイルとメニューが表示されます。

表示される

(3) ◉をタップしてホーム画面に戻り、P.144を参考に「フォト」アプリを起動します。[ライブラリ] → [Screenshots] の順にタップし、撮影したスクリーンショットをタップすると、撮影した画面が表示されます。

MEMO スクリーンショットの保存場所

撮影したスクリーンショットは、内部共有ストレージの「Pictures」フォルダ内の「Screenshots」フォルダに保存されます。

■ 「Game enhancer」を使ってゲーム画面を撮影する

(1) ホーム画面で[アプリ一覧ボタン]をタップし、[Sony]フォルダーをタップして、[Game enhancer]をタップします。画面の指示に従って、設定を行います。

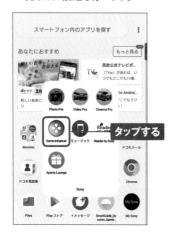

(2) [マイゲーム]からプレイしたいゲーム（ここでは[みんゴル]）をタップします。新しいゲームを追加する場合は、右上の+をタップします。

(3) ゲームが開始されます。左上の●マークをタップし、[スクリーンショット]→[OK]をタップします。

(4) ◻をタップして、◻をタップすると、スクリーンショットが撮影されます。撮影が成功すると、画面上に通知が表示されます。

7

アラームをセットする

Application

Xperia 1 Vにはアラーム機能が搭載されています。指定した時刻になるとアラーム音やバイブレーションで教えてくれるので、目覚ましや予定が始まる前のリマインダーなどに利用できます。

■ アラームで設定した時間に通知する

(1) ホーム画面で[アプリ一覧ボタン]をタップし、[ツール]フォルダをタップして、[時計]をタップします。

(2) [アラーム]をタップして、⊕をタップします。

❶ タップする
❷ タップする

(3) 時刻を設定して、[OK]をタップします。

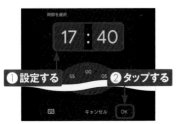

❶ 設定する
❷ タップする

(4) アラーム音などの詳細を設定する場合は、各項目をタップして設定します。

設定する

(5) 指定した時刻になると、アラーム音やバイブレーションで通知されます。⊙のアイコンを右にスワイプすると、アラームが停止します。

スワイプする

Application

壁紙を変更する

ホーム画面やロック画面では、撮影した写真などXperia 1 V内に保存されている画像を壁紙に設定することができます。「フォト」アプリでクラウドに保存された写真を選択することも可能です。

撮影した写真を壁紙に設定する

① P.18を参考に「設定」アプリを起動し、[壁紙] → [壁紙とスタイル] の順にタップします。

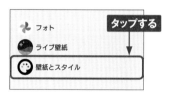

② [壁紙の変更] をタップします。

③ [マイフォト] をタップしてフォルダを選択し、壁紙にしたい写真をタップして選択します。

④ ✓をタップします。

⑤ 「壁紙の設定」画面が表示されるので、変更したい画面（ここでは [ホーム画面とロック画面]）をタップします。

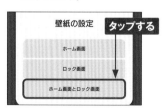

⑥ ◎をタップしてホーム画面に戻ると、選択した写真が壁紙として表示されます。

7

おサイフケータイを設定する

Application

Xperia 1 Vはおサイフケータイ機能を搭載しています。2023年6月現在、電子マネーの楽天Edyをはじめ、さまざまなサービスに対応しています。

おサイフケータイの初期設定を行う

1 ホーム画面で [アプリ一覧ボタン] をタップし、[ツール] フォルダをタップして、[おサイフケータイ] をタップします。

タップする

2 初回起動時はアプリの案内や利用規約の同意画面が表示されるので、画面の指示に従って操作します。

タップする

3 「初期設定」画面が表示されます。初期設定が完了したら [次へ] をタップし、画面の指示に従ってGoogleアカウント連携などの操作を行います。

初期設定

おサイフケータイの設定が完了しました。

タップする → 次へ

4 サービスの一覧が表示されます。説明が表示されたら画面をタップし、ここでは、[楽天Edy] をタップします。

iD
「iD」は、ポストペイ・プリペイド両方の方式に対応した電子マネーです。
株式会社NTTドコモ

電子マネー

タップする

WAON
お買物の度にWAONポイントまたはJALのマイルが貯まります。
WAON Co., ltd

楽天Edy
お好きなポイントを選んで貯めることができます。チャージ手順も豊富♪
楽天Edy株式会社

QUICPay
サインや事前のチャージがいらないポストペイ型の電子マネーです。
株式会社ジェーシービー 他

5 「おすすめ詳細」画面が表示されるので、[サイトへ接続]をタップします。

6 Google Playが表示されます。「楽天Edy」アプリをインストールする必要があるので、[インストール]をタップします。

7 インストールが完了したら、[開く]をタップします。

8 「楽天Edy」アプリの初期設定画面が表示されます。規約に同意して[次へ]をタップし、画面の指示に従って初期設定を行います。

Wi-Fiを設定する

Application

自宅のアクセスポイントや公衆無線LANなどのWi-Fiネットワークが
あれば、モバイルネットワークを使わなくてもインターネットに接続で
きます。

Wi-Fiに接続する

(1) P.18を参考に「設定」アプリを
起動し、[ネットワークとインターネッ
ト] → [インターネット] の順にタッ
プします。「Wi-Fi」が ◯ の場
合は、タップして ◯ にします。
[Wi-Fi] をタップします。

インターネット

docomo
接続済み / 4G+

Wi-Fi

ネットワーク設定
Wi-Fiは自動的にONになります

保存済みのネットワーク
2件

②タップする　①タップする

(2) 接続したいWi-Fiネットワークを
タップします。

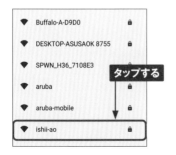

● Buffalo-A-D9D0

● DESKTOP-ASUSAOK 8755

● SPWN_H36_7108E3

● aruba

● aruba-mobile

● ishii-ao

タップする

(3) パスワードを入力し、[接続] をタッ
プすると、Wi-Fiネットワークに接
続できます。

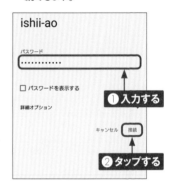

ishii-ao

パスワード
....

☐ パスワードを表示する

詳細オプション

①入力する

キャンセル　接続

②タップする

MEMO スマートコネクティビティとは

Xperia 1 Vに搭載されている
「スマートコネクティビティ」は、
Wi-Fiネットワークとモバイルネッ
トワークの両方が利用可能なと
きに、よりよい方のネットワーク
に接続する機能です。移動中な
どでも通信が途切れないので快
適な通信環境を維持できます。

Wi-Fiネットワークを追加する

(1) Wi-Fiネットワークに手動で接続する場合は、P.180手順②の画面を上方向にスライドし、画面下部にある [ネットワークを追加] をタップします。

(2) 「ネットワーク名」にSSIDを入力し、「セキュリティ」の項目をタップします。

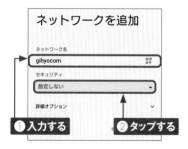

(3) 適切なセキュリティの種類をタップして選択します。

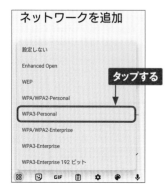

(4) 「パスワード」を入力し、必要に応じてネットワークの接続設定を行い、[保存] をタップすると、Wi-Fiネットワークに接続できます。

 MEMO **d Wi-Fiとは**

「d Wi-Fi」は、ドコモが提供する公衆Wi-Fiサービスです。dポイントクラブ会員であれば無料で利用可能で、あらかじめ「dアカウント発行」「dポイントクラブ入会」「dポイントカード利用登録」が必要です。詳しくは、https://www.docomo.ne.jp/service/d_wifi/を参照してください。

Wi-Fiテザリングを利用する

Application

「Wi-Fiテザリング」は、Xperia 1 Vを経由して、同時に最大10台までのパソコンやゲーム機などをインターネットに接続できる機能です。ドコモでは申し込み不要で利用できます。

Wi-Fiテザリングを設定する

(1) P.18を参考に「設定」アプリを起動し、[ネットワークとインターネット]をタップします。

設定

Q 設定を検索

🛜 ネットワークとインターネット
モバイル、Wi-Fi、アクセス ポイント

🔋 機器接続
Bluetooth、Android Auto、NFC

📱 アプリ
アプリの権限、標準アプリ

タップする

(2) [テザリング]をタップします。

ネットワークとインターネット

🌐 インターネット
ISC2113

📞 通話と SMS
docomo

💾 SIM
docomo

✈ 機内モード

📶 テザリング
OFF

タップする

(3) [Wi-Fiテザリング]をタップします。

テザリング

テザリングを使用して、モバイルデータ通信により他の機器にインターネット接続を提供します。

Wi-Fiテザリング
インターネット接続やコンテンツを他の機器と共有しない

USB テザリング
スマートフォンのインターネット接続を USB 経由で共有

Bluetooth テザリング
スマートフォンのインターネット接続を Bluetooth で共有

タップする

(4) [アクセスポイント名](SSID)と[Wi-Fiテザリングのパスワード]をそれぞれタップして入力します。

Wi-Fiテザリング

Wi-Fi アクセス ポイントの使用

アクセス ポイント名
Xperia_3867 ← **❶入力する**

セキュリティ
WPA2/WPA3-Personal

❷入力する

Wi-Fiテザリングのパスワード
・・・・・・・・・・・・ ←

Wi-Fiテザリングを自動的にOFFにする

7

⑤ [Wi-Fiアクセスポイントの使用] をタップします。

タップする

⑥ が に切り替わり、Wi-Fiテザリングがオンになります。ステータスバーに、Wi-Fiテザリング中を示すアイコンが表示されます。

アイコンが表示される

⑦ Wi-Fiテザリング中は、ほかの機器からXperia 1 VのSSIDが見えます。SSIDをタップし、[接続] をタップして、P.182手順④で設定したパスワードを入力して接続すれば、Xperia 1 V経由でインターネットに接続することができます。

① タップする
② タップする

Wi-Fiテザリングを
MEMO オフにするには

Wi-Fiテザリングを利用中、ステータスバーを2本指で下方向にドラッグし、[テザリング ON] をタップすると、Wi-Fiテザリングがオフになります。

タップする

7

Bluetooth機器を利用する

Application

Xperia 1 VはBluetoothとNFCに対応しています。ヘッドセットやスピーカーなどのBluetoothやNFCに対応している機器と接続すると、Xperia 1 Vを便利に活用できます。

Bluetooth機器とペアリングする

1 あらかじめ接続したいBluetooth機器をペアリングモードにしておきます。続いて、P.18を参考に「設定」アプリを起動し、[機器接続]をタップします。

2 [新しい機器とペア設定する]をタップします。Bluetoothがオフの場合は、自動的にオンになります。

3 ペアリングしたい機器をタップします。

4 [ペア設定する]をタップします。

7

5 機器との接続が完了します。⚙
をタップします。

6 利用可能な機能を確認できます。
なお、[接続を解除]をタップす
ると、ペアリングを解除できます。

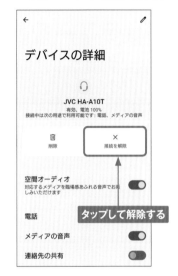

 NFC対応のBluetooth機器の利用方法

Xperia 1 Vに搭載されているNFC（近距離無線通信）機能を利用すれば、NFC対応のBluetooth機器とのペアリングや接続がかんたんに行えます。NFCをオンにするには、P.184手順②の画面で[接続の設定]→[NFC/おサイフケータイ]をタップし、「NFC/おサイフケータイ」がオフになっている場合はタップしてオンにします。Xperia 1 Vの背面のNFCマークを対応機器のNFCマークにタッチすると、ペアリングの確認通知が表示されるので、[はい]→[ペアに設定して接続]→[ペア設定する]の順にタップすれば完了です。あとは、NFC対応機器にタッチするだけで、接続/切断を自動で行ってくれます。

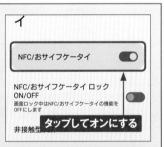

7

Section **71**

STAMINAモードで バッテリーを長持ちさせる

Application

「STAMINAモード」を使用すると、特定のアプリの通信やスリープ時の動作を制限して節電します。バッテリーの残量に応じて自動的にSTAMINAモードにすることも可能です。

STAMINAモードを自動的に有効にする

(1) P.18を参考に「設定」アプリを起動し、[バッテリー] → [STAMINAモード] の順にタップします。

(2) 「STAMINAモード」画面が表示されたら、[STAMINAモードの使用] をタップし、[ONにする] をタップします。

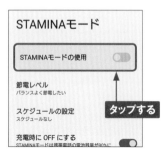

(3) 画面が暗くなり、STAMINAモードが有効になったら、[スケジュールの設定] をタップします。

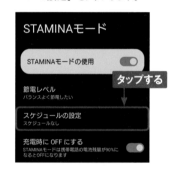

(4) [残量に応じて自動でON] をタップし、スライダーを左右にドラッグすると、STAMINAモードが有効になるバッテリーの残量を変更できます。

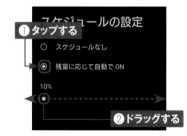

本体ソフトウェアを
アップデートする

Application

本体のソフトウェアはアップデートが提供される場合があります。ソフトウェアアップデートを行う際は、事前に「ドコモデータコピー」アプリ（P.120参照）などでデータのバックアップを行っておきましょう。

ソフトウェアアップデートを確認する

(1) P.18を参考に「設定」アプリを起動し、［システム］をタップします。

> パスワードとアカウント
> 保存されているパスワード、自動入力、同期されているアカウント
>
> Digital Wellbeing と保護者による使用制限
> 利用時間、アプリタイマー、おやす〜　**タップする**
> ジュール
>
> G Google
> サービスと設定
>
> システム
> 言語と入力、日付と時刻、バックアップ
>
> デバイス情報
> SO-51D

(2) ［システムアップデート］をタップします。

> システム
>
> 言語と入力
>
> ジェスチャー
>
> 日付と時刻　**タップする**
> GMT+09:00 日本標準時
>
> バックアップ
>
> システム アップデート
> Android 13 に更新済み

(3) ［アップデートをチェック］をタップすると、アップデートがあるかどうかの確認が行われます。アップデートがある場合は、［再開］をタップするとダウンロードとインストールが行われます。

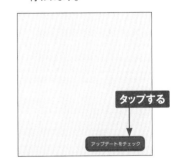

> **タップする**
>
> アップデートをチェック

MEMO ソニー製アプリの更新

一部のソニー製アプリは、Google Playでは更新できない場合があります。手順②の画面で［アプリケーション更新］をタップすると更新可能なアプリが表示されるので、［インストール］→［OK］の順にタップして更新します。

本体を再起動する

Application

Xperia 1 Vの動作が不安定な場合は、再起動すると改善すること
があります。何か動作がおかしいと感じた場合、まずは再起動を試
してみましょう。

■ 本体を再起動する

1 電源キー／指紋センサーと音量
キーの上を同時に押します。

同時に押す

2 [再起動] をタップします。電源が
オフになり、しばらくして自動的に
電源が入ります。

タップする

MEMO 強制再起動とは

画面の操作やボタン操作が一切不可能で再起動
が行えない場合は、強制的に再起動することがで
きます。電源キーと音量キーの上を同時に押した
ままにし、Xperia 1 Vが振動したら指を離すこ
とで強制再起動が始まります。この方法は、手順
②の画面の右下に表示される[強制再起動ガイド]
をタップすると表示されます。

Section 74

本体を初期化する

Application

再起動を行っても動作が不安定なときは、初期化すると改善する
場合があります。なお、重要なデータは「ドコモデータコピー」ア
プリ（P.120参照）などで事前にバックアップを行っておきましょう。

本体を初期化する

(1) P.18を参考に「設定」アプリを
起動し、[システム] → [リセット
オプション] の順にタップします。

| | 日付と時刻 |
| GMT+09:00 日本標準時 |

⊕ バックアップ

🔋 システム アップデート
Android 13 に更新済み

👥 複数ユーザー
技術 太郎としてログイン中

`タップする`

{ } 開発者向けオプション

⟳ リセット オプション

(2) [全データを消去] をタップします。

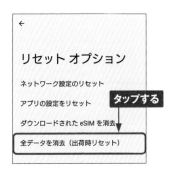

←

リセット オプション

ネットワーク設定のリセット

アプリの設定をリセット   `タップする`

ダウンロードされた eSIM を消去

全データを消去（出荷時リセット）

(3) eSIMのデータを削除しない場合
は、[ダウンロードされたeSIMを
消去] のチェックを外しておきま
す。メッセージを確認して、[すべ
てのデータを消去] をタップしま
す。

全データを消去（出荷時リセッ
ト）

`② タップする`

ダウンロードされた eSIM を消去
この操作でモバイルのサービスプランが解約され
ることはありません。別の eSIM をダウンロードす
るには、携帯通信会社にお問い合わせください。

`① チェックを外す`   すべてのデータを消去

(4) [すべてのデータを消去] をタップ
すると、初期化されます。

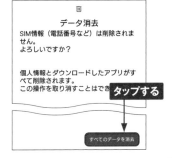

🗑

データ消去

SIM情報（電話番号など）は削除されま
せん。
よろしいですか？

個人情報とダウンロードしたアプリがす
べて削除されます。
この操作を取り消すことはでき `タップする`

すべてのデータを消去

7

索引

お問い合わせについて

本書に関するご質問については、本書に記載されている内容に関するもののみとさせていただきます。本書の内容と関係のないご質問につきましては、一切お答えできませんので、あらかじめご了承ください。また、電話でのご質問は受け付けておりませんので、必ずFAXか書面にて下記までお送りください。

なお、ご質問の際には、必ず以下の項目を明記していただきますようお願いいたします。

1 お名前
2 返信先の住所またはFAX番号
3 書名
　（ゼロからはじめる ドコモ Xperia 1 V SO-51D スマートガイド）
4 本書の該当ページ
5 ご使用のソフトウェアのバージョン
6 ご質問内容

なお、お送りいただいたご質問には、できる限り迅速にお答えできるよう努力いたしておりますが、場合によってはお答えするまでに時間がかかることがあります。また、回答の期日をご指定なさっても、ご希望にお応えできるとは限りません。あらかじめご了承くださいますよう、お願いいたします。ご質問の際に記載いただきました個人情報は、回答後速やかに破棄させていただきます。

■ お問い合わせの例

FAX

1 お名前
　技術 太郎

2 返信先の住所またはFAX番号
　03-XXXX-XXXX

3 書名
　ゼロからはじめる
　ドコモ　Xperia 1 V
　SO-51D　スマートガイド

4 本書の該当ページ
　41ページ

5 ご使用のソフトウェアのバージョン
　Android 13

6 ご質問内容
　手順3の画面が表示されない

お問い合わせ先

〒 162-0846
東京都新宿区市谷左内町 21-13
株式会社技術評論社　書籍編集部
「ゼロからはじめる　ドコモ　Xperia 1 V SO-51D　スマートガイド」質問係
FAX 番号　03-3513-6167
URL：https://book.gihyo.jp/116

ゼロからはじめる ドコモ Xperia 1 V SO-51D スマートガイド
エクスペリア　ワンマークファイブエスオー　ゴイチディー

2023 年 8 月 19 日　初版　第 1 刷発行

著者	………………………	技術評論社編集部
発行者	………………………	片岡　巌
発行所	………………………	株式会社　技術評論社
		東京都新宿区市谷左内町 21-13
電話	………………………	03-3513-6150　販売促進部
		03-3513-6160　書籍編集部
装丁	………………………	菊池　祐（ライラック）
本文デザイン・DTP	………	リンクアップ
編集	………………………	矢野　俊博／下山　航輝
製本／印刷	………………………	図書印刷株式会社

定価はカバーに表示してあります。

ISBN978-4-297-13681-9 C3055

Printed in Japan